湿-干循环作用下
粉土静、动力学特性演化规律研究

王亮亮　贾　岩　代裕清　李　虎　**著**

中国矿业大学出版社
·徐州·

内 容 提 要

粉土因饱和液化而诱发工程病害仅是其临界工程问题之一,实际上大部分粉土地基在其服役期间并不会长期处于足以诱发液化病害的高含水率状态,而是在气候或地下水影响下,呈现出季节性的湿-干循环湿度状态;土体湿度波动必然会对其工程特性产生不可忽略的影响。本书基于大量试验研究成果,较为系统地分析了湿-干循环作用下粉土的静、动力特性演化规律。全书共分 10 章,内容包括:绪论,依托工程及其水文地质概况,粉土力学特性与毛细水效应试验研究,粉土抗剪强度随湿-干循环演化规律,粉土变形特性随湿-干循环演化规律,考虑湿-干循环效应的粉土地基沉降计算方法,湿-干循环作用下粉土动力特性试验方案,湿-干循环作用下粉土累积变形特性演化规律,湿-干循环作用下粉土动弹性变形特性演化规律,湿-干循环作用下铁路粉土地基动力稳定性评价。

本书可供从事岩土工程建设的科研人员参考使用。

图书在版编目(C I P)数据

湿-干循环作用下粉土静、动力学特性演化规律研究 /
王亮亮等著.—徐州:中国矿业大学出版社,2024.2
　　ISBN 978 - 7 - 5646 - 6163 - 2

　　Ⅰ. ①湿… Ⅱ. ①王… Ⅲ. ①土质—力学性能—研究
Ⅳ. ①P642.13

　　中国国家版本馆 CIP 数据核字(2024)第 044914 号

书　　名	湿-干循环作用下粉土静、动力学特性演化规律研究
著　　者	王亮亮　贾　岩　代裕清　李　虎
责任编辑	马晓彦
出版发行	中国矿业大学出版社有限责任公司
	(江苏省徐州市解放南路　邮编 221008)
营销热线	(0516)83885370　83884103
出版服务	(0516)83995789　83884920
网　　址	http://www.cumtp.com　E-mail:cumtpvip@cumtp.com
印　　刷	江苏凤凰数码印务有限公司
开　　本	787 mm×1092 mm　1/16　印张 14.25　字数 272 千字
版次印次	2024 年 2 月第 1 版　2024 年 2 月第 1 次印刷
定　　价	64.00 元

(图书出现印装质量问题,本社负责调换)

前　　言

粉土广泛分布于我国西北、华北、东北以及河流三角洲等地区。粉土中粉粒含量多、粒径相对均匀、颗粒磨圆度高，堆积粒间缺乏细粒填充，孔隙率高，毛细吸水作用强烈。工程中呈现出黏性差、难压实、易液化等特点。《铁路路基设计规范》(TB 10001—2016)第 10.1.2 条指出"饱和粉土及松散砂土地基，应满足防止振动液化或地震液化的要求"。在地下水或地表水补充作用下，粉土中含水量不断增大，在水分的浸润下粉土颗粒间原本相对较弱的黏结作用进一步降低，诱发地基较大沉降或边坡滑移(具有"流动"特征)。当土体达到饱和状态时，土体内部孔隙全部由水充填，在地震作用、车辆振动荷载或施工扰动作用下，土体中孔隙水压力会骤然升高且无法快速消散，使得原来由土颗粒通过接触点传递的有效压力迅速减小，土颗粒呈现出浮于水中的特征，丧失了抗剪强度和承载能力，产生类似喷水冒泥、大规模滑坡或渗漏等病害。

然而，粉土因饱和液化而导致地基失稳、边坡滑移等病害仅是其临界工程问题之一，实际上大部分粉土地基在其服役期间并不会长期处于足以诱发液化病害的高含水率状态，而是在气候或地下水影响下，土体湿度状态围绕着最优含水率(路基施工控制湿度状态)或初始含水率呈现出季节性的湿-干循环作用，土体湿度波动必然会对其工程特性产生不可忽略的影响。

本书结合宁启铁路复线电气化提速改造路基整治、新沂市货运铁路专用线建设等建设工程实际，对湿-干循环作用下粉土的静、动力学特性演化规律进行了较为系统的试验研究，主要成果如下：

(1) 粉土剪应力-剪切位移曲线总体呈应变软化型。低、高压实系数(k＝0.89、0.95)粉土的抗剪强度和黏聚力随湿-干循环次数的增加整体呈衰减趋势，内摩擦角呈增大趋势；中等压实系数(k＝0.92)粉土的抗剪强度、黏聚力和内摩擦角均随湿-干循环次数的增加在一定范围内波动。

（2）获得了粉土割线模量（压缩模量）与湿-干循环次数和竖向压力的拟合关系，提高湿-干循环幅度会加大湿-干循环作用对土体骨架的破坏，导致粉土侧限压缩应变、压缩系数明显增加和首次湿-干循环后割线模量的显著下降。

（3）粉土累积塑性应变随着湿-干循环次数的增加呈现出波动性先增长后减小的发展趋势；相同湿-干循环次数、动应力幅值条件下，粉土累积塑性应变随振动次数的增加呈现出先增长后逐渐稳定的发展趋势。

（4）粉土动弹性应变（动弹性模量）随着振动次数的增加呈现出先迅速增长（衰减）后稳定的发展趋势，其稳定值随着湿-干循环次数的增加同样呈现出先增长（衰减）后稳定的发展趋势，并建立了动弹性模量稳定值与动弹性应变稳定值之间的经验公式。

（5）随着湿-干循环次数的增加，粉土试样内部结构发生变化，在6～8次湿-干循环后试样结构达到新的平衡，故粉土临界动应力随着湿-干循环次数的增加呈现先衰减后增大的发展趋势，且在湿-干循环过程中粉土临界动应力最大衰减幅度为56.23%。

本书由王亮亮、贾岩、代裕清、李虎共同撰写，其中：王亮亮负责相关研究内容提出、研究方案制定及专著撰写组织总体工作；贾岩牵头负责撰写书稿第1章至第5章内容；代裕清牵头负责撰写书稿第6章至第10章内容；李虎负责统稿和书稿校核工作。此外，第一作者所指导的研究生做了大量的研究工作，部分引用了第一作者所指导的研究生学位论文成果。参加科研课题的研究生主要有王照腾、罗涛、朱前龙、于明晖、卢天乐、杨昌龙。

课题合作单位中铁上海设计院集团有限公司、徐州市公路事业发展中心、徐州市交通运输局在科研过程中提供了部分资料和大力帮助，在此表示感谢！

由于时间和作者学术水平的限制，书中难免存在疏漏，敬请读者批评指正。

作　者

2023 年 12 月

目　　录

1 绪 论

1.1 研究背景及研究意义

2021 年 2 月 24 日国务院发布的《国家综合立体交通网规划纲要》指出,到 2035 年,国家综合立体交通网实体线网总规模合计 70 万 km 左右(不含国际陆路通道境外段、空中及海上航路、邮路里程)。其中,铁路 20 万 km 左右,公路 46 万 km 左右,高等级航道 2.5 万 km 左右。我国交通网分布总体呈现为东密西疏特点,而东部黄泛区、河流三角洲等区域广泛分布着具有弱可塑性、低黏聚性、高分散性等特点的粉土[1]。

粉土是指粒径大于 0.075 mm 的颗粒质量不超过总质量的 50%,且塑性指数小于或等于 10 的土,具有粉粒含量高、黏性差、易液化等特点。在水-交通振动荷载共同作用下,修建于粉土地基上的公(铁)路路基经常发生路基下沉、边坡冲刷、边坡冲沟、地下水上涌、翻浆冒泥等多种工程病害问题(图 1-1)[2]。

图 1-1 粉土路基病害[2]

由于粉土颗粒小且粒间相对均匀,粒间黏结作用弱,使其具有强烈的毛细水作用,尤其是在地下水发育区段,当地基受到地震或其他外部动力扰动时易发生液化失稳病害。《铁路路基设计规范》(TB 10001—2016)第 10.1.2 条指出"饱和粉土及松散砂土地基,应满足防止振动液化或地震液化的要求"。国内外研究工作者针对不同水文地质环境、服役工况以及动力荷载模式等条件下粉土的静、动力力学行为及液化问题开展了深入研究,解决了粉土地区制约工程建设的诸多瓶颈问题,形成了丰富的构筑物建造关键技术。

然而,粉土因饱和液化而导致构筑物失稳破坏仅是其临界工程问题之一,实际上大部分粉土地基在其服役期间并不会长期处于足以诱发液化病害的高含水率状态,而是其湿度状态随气候或地下水位的变化而承受着湿-干循环作用,土体湿度波动必然会对其工程特性产生不可忽略的影响。为此,系统深入研究湿-干循环作用下粉土静、动变形及强度特性演化规律,探索湿-干循环作用对粉土地基动力稳定性的影响,能够为粉土地区交通基础设施服役性能变化与典型病害分析、粉土地基设计和病害防控措施研究等提供数据支撑。

1.2　国内外研究现状

1.2.1　土体毛细特性研究现状

粉土粒度单一,粒间孔隙缺乏细粒填充导致孔隙发达,难以压实且毛细吸水作用较其他土更加强烈。毛细水上升会引起土体湿度增大,从而弱化土体工程特性,增加了公(铁)路基的失稳风险。根据形成条件和分布状况,可将毛细水细分为正常毛细水带、毛细网状水带和毛细悬挂水带[3],正常毛细水带与地下潜水面相通,在毛细管力作用下向上迁移而形成,并随地下水位的升降做出相应的变化,对路基整体稳定性具有较大影响[4-6];毛细网状水带是由地下水下降后残留在土壤孔隙中的水分形成的,悬挂毛细水是由地表降雨入渗而形成的,这两类毛细水使路基中形成"软弱"夹层,极易造成路基下沉或滑塌病害[7]。

1939 年,Mavis 等[8]构建了砂土的毛细管上升高度值与孔隙率、有效粒径的关系函数。1942 年,Myers 等[3]通过制作毛细管仪器对比研究了非饱和土中的毛细水流动与细管中的毛细现象,他们认为两者原理相同并具有相同的上升公式,为此后其他学者研究土中毛细水上升规律提供了模型;1943 年,Terzaghi[9]归纳总结了 Myers 等的研究,基于他们的毛细管模型,推导出孔隙度和渗透系数不变时毛细水上升高度与时间的关系,还强调了液-气分界面能够对土的一些性状产生重要影响。1983 年,Raats[10]也研究了砂土颗粒平均粒径、孔隙率与毛细水上升高度之间的关系；Li 等[11]等通过毛细作用下非饱和土实测含水率、湿润锋上升速度、吸力参数等，提出了一种新的非饱和土渗透系数计算方法。

随着我国基础设施的快速发展，土体毛细水力特性对工程构筑物基础的影响受到国内学者们的重视。赵明华等[12]基于非饱和土颗粒等径的假设，推导了毛细水上升高度与土粒累积分布、吸水时长的关系函数。刘杰等[13]首先建立了非饱和土毛细作用下的孔隙分布模型，通过模型假设和理论推导的方法获得了非饱和土的毛细水最大上升高度，并根据 Richardson 水分运动微分方程推导出了非饱和土有关毛细湿度变化的解析解。肖红宇等[14]基于理想毛细管与土体有效比表面积相等原则，推导出了土体内毛细水上升高度预测公式。付强、邓改革等[15-16]采用数值模拟方法分析土体的毛细水上升高度规律。此外，诸多学者通过试验方法研究土体毛细水效应，如苗强强等[17]通过自研毛细上升试验系统研究了初始含水率对非饱和含黏土砂毛细水上升高度及上升速率的影响；袁玉卿等[18]研究了压实度对豫东黄泛区粉砂土毛细水上升规律的影响，指出随着压实度的增加，毛细水上升速度减小；张志军、刘迪、刘婷等[19-21]发现可以采用幂函数来预测不同时间内砂土毛细水的上升高度；王中翰等[22]研究了路基层状结构毛细水上升稳定后含水率随土样高度的变化规律；宋修广[23]发现毛细水上渗速率高于降水渗入速率，毛细作用对粉土试样的湿度变化影响更大；何艳平[5]研究了粗颗粒含量对低液限粉土毛细水上升高度的影响，研究发现掺入一定量的粗颗粒可以有效抑制毛细效应。

尽管研究人员在土体毛细水力特性方面取得了丰富的研究成果，但由于土本身的矿物组成、颗粒形态、粒间胶结方式以及赋存条件、水分来源等复杂多变，使得目前尚难以完全依靠现有研究成果解决具体实际工程问题。

1.2.2　粉土强度与变形特性研究现状

国外学者着重开展了围压、应力历史、含水率、压实度、剪切速率、吸力、剪切方法等因素对粉土强度和变形特性的影响研究。Penman[24]在 1953 年对电站粉土进行钻孔试验研究，取样后制取了不同孔隙率的粉土并进行了粉土的不排水以及排水试验，排水试验结果显示粉土的强度主要来源于颗粒间的摩擦，同时围压和孔隙率越大的粉土试样，其内摩擦角越小，另外孔隙率较小的试样，膨胀现象越显著。Wang 等[25]通过阿拉斯加州近海大陆架的沉积粉土的不排水剪切试验发现该粉土的剪切强度易受到固结特性和剪切速率的影响，并指出应力历史对粉土的特性有一定影响。1999 年，Iravani[26]以加拿大低塑性粉土为研究对象，结果显示含水量的减小会导致粉土屈服面增加，粉粒含量对粉土的强度和弹性模量有巨大影响。Brandon 等[27]对密西西比河谷的低塑性粉土的原装样和重塑样进行了不固结不排水(UU)试验和固结不排水(CU)试验,研究发现 UU 试验测出的剪切强度十分不稳定,并且低于 CU 试验测出的剪切强度。这是由于土样受到扰动后,当孔隙水压力减小时气泡便会对试验产生干扰。

国内学者肖军华等[28]对比研究了不同密实度、含水率下黄河冲击粉土的强度与变形性状,结果表明:压实粉土易产生湿化变形,压实系数和含水率对粉土的变形性状有明显影响,且土体的变形量受压实系数的影响较为显著。宋修广等[23]基于粉土三轴试验结果,发现回弹模量、变形模量、黏聚力及内摩擦角与最优含水率和实际含水率有关,含水率超过最优含水率时,内摩擦角在近饱和状态时会大幅度减小,其他指标都呈显著的衰减关系,从而提出粉土路基吸水后变形增大、强度降低且易造成路面结构早期病害的结论。时维强等[29]也发现了相似的衰减规律,并建立了反映压实度与含水率的回弹模量预测拟合公式。安鸿飞等[30]对击实后的粉土试样开展了相同压实度下不同含水量浸水与不浸水的剪切试验后发现,浸水后试样的抗剪强度基本相同,且黏聚力下降明显,而内摩擦角变化不大。由此可知,粉土强度与变形特性受含水率、压实系数等多种因素的控制和影响。

1.2.3　干-湿循环作用下粉土力学行为

早在 1996 年 Barzegar 等[31]对粉质黏土进行了干-湿循环试验研究,发现土体结构会由于干-湿循环作用产生破坏,土颗粒聚集体会在联结薄弱处松动,或者完全解体,同时受到水的盐碱度影响;Cai 等[32]用普通硅酸盐水泥稳定粉土作为对照样品进行比较,研究了活性碳酸镁粉土的表观性质、质量变化率、含水量、干密度、pH 值、干-湿循环作用下侧限抗压强度、弹性模量及微观结构特征变化规律。

国内学者针对土体干-湿循环作用的研究更加广泛。在干-湿循环次数的相关研究中,高玉琴等[33]通过 CU 试验研究干-湿循环过程对水泥改良粉质黏土与粉土强度衰减机理,发现随着失水次数的增加,强度降低的幅度逐渐减小并趋于稳定,且水泥改良粉质黏土比水泥改良粉土的强度衰减明显。方庆军等[34]通过高液限粉土压缩特性试验研究,发现压缩系数在第 1 次干-湿循环后增加明显,从第 3 次干-湿循环后趋于稳定,干-湿循环作用下粉土强度和抗变形能力降低,土体的承载力变小,并指出干-湿循环作用的影响不可逆。涂义亮等[35]对三峡库区的原状粉质黏土开展了不同荷载条件下的干-湿循环三轴剪切试验,发现竖向荷载通过约束裂隙开展能够抑制干-湿循环土体强度和变形特性的劣化作用,且荷载越大,抑制能力就越强。叶灵敏[36]对经过浸水饱和-风干循环的粉土试样开展了三轴试验,试验表明非饱和粉土强度和压缩模量在第 1 次干-湿循环后均明显降低。崔凯等[37]研究发现,随着干-湿循环次数的增加,重塑粉土的抗剪强度逐渐降低。董金玉等[38]研究了干-湿循环作用下滑带土的变形和强度衰减情况,研究表明:滑带土强度衰减主要集中在首次循环后,在第 3 次循环后趋于稳定,且粉土滑带土的黏聚力呈对数形式降低,内摩擦角呈线性降低。江强强等[39]对滑带土进行环剪试验并分析了干-湿循环作用下滑带土强度特性和微观结构变化规律,试验结果表明干-湿循环作用对滑带土残余强度的劣化作用显著,且前 3 次干-湿过程中土体强度衰减幅度较大,之后逐渐减弱并趋于稳定。由此可见,湿度的反复波动对粉土工程特性具有显著影响,在季节性气候环境影响下,公(铁)路路基作为带状构筑物不可避免地会出现土体湿度的周期性波动,进而对其沉降变形产生影响。

1.2.4 粉土～粉质黏土动弹塑变形特性

土的动力参数包括动强度、动弹性模量、阻尼比、累积变形特性等,其中变形特性作为评价土体动力稳定性的主要参数之一,国内外学者针对振动作用下粉土累积变形特性进行了大量的研究,并取得了较丰富的成果。

Cui 等[40]发现原状粉土动弹性模量在加载初期下降较多,随后趋于稳定的发展趋势;Jia 等[41]发现随着围压的增加粉土动弹性模量增加;安亮等[42]研究了粉土动弹性模量与微观参数指标之间的关系;张婷等[43]发现尾矿粉土动刚度随着围压的增加逐渐增强;庄妍等[44]研究了东南沿海地区饱和粉质黏土动弹性模量与孔隙比、超固结比的关系,并提出了相应的弹性模量修正公式;崔宏环等[45]发现动应力幅值增大、围压增加、频率增加均会导致粉质黏土动弹性模量衰减,动刚度减小;而吴豪等[46]研究了振动频率对三峡库区饱和重塑粉质黏土动弹性模量的影响规律,却发现振动频率对动弹性模量的影响并不显著。

卢文博[47]发现当应力比较大(0.4)时,粉土累积轴向应变迅速增大并很快达到破坏;而应力比(0.2)较小时,试样应变增长缓慢,总应变量较小。谢琦峰等[48]以相对动应力分析了围压、动应力对重塑黏质粉土累积塑性应变的影响,并建立了孔压-累积塑性应变的经验公式,用于预测振动荷载长期作用后土体孔压变化规律。Tang 等[49]研究了动荷载作用下粉质黏土孔隙分布特征。肖军华、关彦斌等[50-51]研究了不同含水率、压实系数粉土路基在不同动应力水平下累积塑性应变发展规律,发现随着含水率增大、压实系数减小、动应力增大,粉土累积塑性应变增大,并提出存在一个路基破坏临界压实系数。聂如松等[52-53]通过动三轴试验研究了加载方式对粉土永久变形的影响,结果表明:相比于连续加载方式,间接加载方式下产生的累积塑性变形更小,路基抵抗变形的能力更强。饶有权等[54]研究了振动频率、饱和度、固结比及动应力比对低液限粉土累积塑性应变预测模型参数的影响,并分别采用指数模型和张勇[55]经验模型建立了稳定型和破坏型经验公式。雷宇等[56]基于机场道基的服役需求研究了动载作用下粉土累积塑性应变与压实度、动应力幅值、围压的关系。Wang 等[57]采用单向循环试验研究了交通荷载对软黏土变形的影响,并建立了 1 000 次循环后累积塑性变形 ε_p-σ_d 经验公式。

余周[58]发现振动荷载作用下成都饱和粉质黏土变形模式可以分为破坏型、临界型和稳定型,而李金秋、Tang 等[59-60]发现振动荷载作用下焦作、广州饱和粉质黏土变形模式只有破坏型和稳定型两种。解磊等[61]研究了各因素对粉质黏土累积塑性变形的影响,发现动应力幅值对累积塑性变形影响最大,多因素耦合作用下粉质黏土累积塑性变形增大。赵强等[62]发现在长期循环荷载作用下饱和粉质黏土累积塑性变形随动应力比、围压的增大而增大,随振动频率的增大而减小。Hailemariam 等[63]发现偏固结应力对粉质黏土累积塑性变形影响显著。刘文化等[64]发现粉质黏土基质吸力增加,抵抗变形能力增强。王立娜等[65-66]发现在列车振动荷载作用下,粉质黏土初始含水率越高,累积塑性变形越大,振动频率越高,塑性应变累积速率越快。昌思[67]发现固结比、振动频率对洞庭湖地区原状饱和粉质黏土累积塑性变形具有显著影响。陈坚等[68]研究了高频($f > 5$ Hz)振动情况下重塑饱和粉质黏土累积塑性变形规律,发现随着振动频率的增加,粉质黏土累积变形减小。刘家顺等[69]通过部分排水条件下变围压循环三轴试验研究了围压变化对饱和粉质黏土累积变形特性的影响,并建立了考虑围压及动应力的粉质黏土地基累积变形预测模型。Xu 等[70]发现初始加载过程中粉质黏土动累积塑性应迅速增加而后增长速率减小并趋于稳定。Yan 等[71]发现粉质黏土的累积变形可分为急剧增长、逐渐稳定、平缓等 3 个阶段。Yang 等[72]通过室内试验及数值模拟等手段研究了列车速度对饱和粉质黏土永久变形的影响,发现随着列车速度的增大,土体所受循环应力增加,导致土体永久变形增大,并指出土体永久变形随临界动应力比增加而呈现指数增长趋势。

随着我国铁路基础设施建设的快速发展,列车运行速度不断提高,对路基的长期动力稳定性提出了更高的要求,在进行设计、施工时各项指标逐步趋向于精准化。对于列车荷载这类低幅值、低频率振动荷载作用下粉土的动弹塑变形特性仍需深入研究。

1.2.5 干-湿循环作用下粉土～粉质黏土动力特性

刘文化等[73]以大连地区粉质黏土为研究对象,采用先干(自然风干)后湿(饱和)的干-湿路径,探讨了干-湿循环对粉质黏土累积塑性变形的影响,试验结果表明:干-湿循环对土体累积塑性应变-振动次数曲线走向没有明显的影响,但随着干-湿循环次数的增加,粉质黏土累积塑性应变呈现增长趋势。陈勇等[74]同样采用先干后湿的干-湿路径研究了干-湿循环次数对饱和粉质黏土动变形的影响,建立了干-湿循环次数与累积塑性应变之间的关系。

赵明龙、唐剑潇等[75-76]研究了干-湿循环对改良粉质黏土动力特性的影响,发现干-湿循环作用下,土体疲劳强度表现出衰减的发展趋势。付兵先、程菲菲等[77-78]均采用先湿后干的干-湿路径研究了干-湿循环后改良粉土路基动强度的演化规律,发现干-湿循环作用下土体工程性能劣化,抵抗变形能力减弱。钟秀梅等[79]发现随着干-湿循环次数的增加,改良土路基临界动应力先减小后增大,且在2次干-湿循环后土体累积变形趋于稳定。杨爱武等[80]采用先干后湿的干-湿路径研究了软黏土累积塑性应变随干-湿循环作用演化规律,建立了土体临界动应力与干-湿循环次数的关系。干-湿循环作用对土体的动强度及变形特性影响显著,这方面的研究仍处于起步阶段,亟须深入探索,以解决粉土地区铁路地基设计、施工面临的技术问题。

1.2.6　铁路路基长期动力稳定性研究现状

由于铁路属于带状构筑物,线路沿线地质条件复杂多变,路基灾害诱因多样化,王小春[81]基于工程风险管理的基本原理,系统研究了膨胀土路基稳定性的风险因素及其权重,给出了膨胀土地区路基的风险等级和相应的防范措施,研究成果为加强路基设计和施工过程中的风险控制与管理提供了理论依据,对提高路基工程建设质量和长期稳定性具有重要意义。虽然风险管控分析能够使工程建设人员针对不同风险影响因素采取相应的防范措施,从而尽量降低路基病害发生的概率,但无法对路基设计结果进行定量的稳定性评价。国内外关于高速铁路路基长期动力稳定性评价方法的研究仍处于起步阶段,目前可用于路基长期动力稳定性评价的方法主要有临界动应力法、临界振速法和临界动剪应变法3种。

1.2.6.1　临界动应力法

临界动应力法认为如果地基土体受到的实际动应力 σ_{df} 小于其自身临界动应力 σ_{crs} 时,土体的累积变形将随着荷载作用次数的增加而逐渐趋于稳定,从而使路基累积永久变形得到有效的控制[82-84],该方法是国内外铁路路基长期动力稳定性评价的主要方法。

中南大学刘晓红等[83]在对武广高速铁路无砟轨道红黏土路基动力稳定性进行研究的过程中,给出了利用临界动应力法评价路基长期动力稳定性的基本步骤:

第一步:利用动三轴或现场疲劳激振试验确定地基土的临界动应力 σ_{crs};

第二步:开展现场测试工作,获得基床中动应力沿深度的衰减曲线;

第三步:按照实测动应力衰减曲线计算地基面的动应力 σ_{df},并根据 $\sigma_{df} < \sigma_{crs}$ 的要求评价路基的动力稳定性。

上述临界动应力评价方法中,采用实测动应力沿深路基深度衰减曲线的拟合方程推求地基面动应力,再根据求得的动应力和地基土临界动应力的关系评价路基长期动力稳定性。由于路基中实测动应力往往受动土压力盒埋设方法、埋设坑洞回填密实度、试验人员测试经验等因素影响,使得实测动应力未必能够真实反映监测点基床的动应力大小,若直接用于基床长期动力稳定性评价,易引起误判。为此,有必要对临界动应力法中路基面动应力取值、动应力衰减规律等进行深入研究,从而使评价结果更加合理可靠。

1.2.6.2　临界振速法

临界振速法认为不同状态下的土体都存在相应的临界振速 v_{crs},即当土体的实际振动速度 v 大于该临界振速 v_{crs} 时,土体将产生不可恢复的塑性变形、液化或破坏,从而导致修建在其上(中)的构筑物出现过大变形、倾斜或破坏,影响构筑物的正常使用。对于铁路路基而言,受轨道型式、列车类型、基床结构或现场激振设备等影响,路基实测振动波形较为复杂,在利用临界振速法进行路基动力稳定性评价时,应结合路基结构特点和实际服役工况等,采用实测振动速度波形中对路基动力稳定性具有控制作用的速度值,即有效振速,因此,临界振速法又称为有效振速动力稳定性评价法。

临界振速法作为高速铁路路基长期动力稳定性评价方法之一,最早出现在 1997 年德国铁路公司的路基规范(DS 836)草案中,该方法是以振动基础下砂土地基的动力响应模型试验结果为基础,拓展至一般土体,虽然在一定程度上能够反映土体的振动疲劳特性,但其理论依据尚有待进一步深入研究,工程应用经验不多[85]。2008 版德国铁路路基规范指出:对于时速 200 km 以上线路,在传统强度控制(临界动应力法)基础上,还应以振动速度为控制指标进行路基长期动力稳定性分析,但规范没有给出具体评判准则。中南大学刘晓红等[84]在德国铁路路基规范草案基础上,给出了临界振速法评价路基长期动力稳定性的详细步骤,并应用该方法对武广客运专线红黏土路堑基床的长期动力稳定性进行了评价。

临界振速法将地基土划分为两类,一类为无黏性土地基,另一类为黏性土及有机土地基,并根据地基土类型的不同给出了三种临界状态,分别表示移动列车动力作用下地基土的服役状态。

（1）无黏性土地基：

$$K_{d1} = v_{eff,z} < v_{crs1} \tag{1-1}$$

$$K_{d2} = v_{eff,max} < v_{crs2} \tag{1-2}$$

当振动速度满足式（1-1）时，表示地基土处于弹性状态，在长期动力荷载作用下不产生累积塑性变形；当振动速度满足式（1-2）时，表示地基土处于失稳临界状态。

（2）黏性土及有机土地基：

$$K_{d3} = v_{eff,z} < v_{crs3} \tag{1-3}$$

式中：$K_{d1}=1.4$、$K_{d2}=1.2$、$K_{d3}=1.5$ 为动力安全系数；$v_{eff,z}$、$v_{eff,max}$ 分别为有效振速、有效振速最大值；v_{crs1}、v_{crs2}、v_{crs3} 分别为地基土的临界振速，通常 $v_{crs1} \approx v_{crs2}$，$v_{crs3}$ 可由下式计算：

$$v_{crs3} = \varepsilon \left(\frac{w_L - w}{w_L - w_p} \right)^{1.5} \tag{1-4}$$

式中，ε 为参考速度，正常固结黏土取 $\varepsilon=40$ mm/s，欠固结黏土取 $\varepsilon=25$ mm/s；w_L 为液限；w 为天然含水率；w_p 为塑限。

振动速度动力稳定性评价方法中的关键指标是土体的临界振速 v_{crs}，以黏性土为例，德国铁路路基规范草案给出了正常固结黏性土和欠固结黏性土临界振速 v_{crs3} 的经验计算公式，但计算公式中只含有唯一变量稠度指数 I_c，显然不能完全反映不同类土的本质特性，特别是特殊土（如膨胀土、湿陷性黄土、冻土等）的物理力学性质随环境气候周期性波动导致的长期强度衰减。

1.2.6.3　临界动剪应变法

随着列车速度的不断提高，线路对运营期间路基变形提出了严格限制，特别是无砟轨道甚至要求路基"零工后沉降"。为适应高标准铁路建设的需求，Hu、Doz 等[86-87]在纽伦堡—因戈斯塔特线第三纪沉降黏土路堑基床长期动力稳定性研究基础上，结合应变控制式共振柱试验、现场动力测试及理论分析，首次将能够反映土体变形特性的临界动剪应变作为控制指标进行铁路路基长期动力稳定性分析，该方法此后被纳入 2008 版德国铁路路基规范。临界动剪应变法需要进行土（岩）体试样的应变控制式共振柱试验和以运营状态剪应变幅值为控制指标的疲劳动力试验，试验过程复杂，且国内缺乏精确微应变控制式疲劳动力试验设备，限制了该方法在我国的推广应用。

本章参考文献

[1] 刘建坤,肖军华,杨献永,等.提速条件下粉土铁路路基动态稳定性研究[J].岩土力学,

2009,30(2):399-405.

[2] 范华.粉土路基病害整治的研究[D].北京:北京交通大学,2005.

[3] MYERS B,HOGENTOGLER C A,BARBER E S,et al. Discussion on soil water phenomena [J]. Highway research board proceedings,1942,21:451-470.

[4] 李伟.豫东黄泛区粉砂土路基毛细水作用及控制技术研究[D].开封:河南大学,2013.

[5] 何艳平.低液限粉土毛细上升特征的影响因素研究[J].工程勘察,2020,48(4):11-18.

[6] 任克彬,王博,李新明,等.毛细水干湿循环作用下土遗址的强度特性与孔隙分布特征[J].岩土力学,2019,40(3):962-970.

[7] 朱登元,管延华.毛细水作用对粉土路基稳定性的影响[J].山东大学学报(工学版),2012,42(1):93-98.

[8] MAVIS F T,TSUI T. Percolation and capillary movements of water through sand prisms [M]. Iowa City:State University of Iowa,1939.

[9] TERZAGHI K K. Theoretical soil mechanics[M]. New York:John Wiley and Sons, Inc.,1943.

[10] RAATS P A C. Dynamics of fluids in porous media[J]. Soil science society of America journal,1973,37(4):174-175.

[11] LI X,ZHANG L M,FREDLUND D G. Wetting front advancing column test for measuring unsaturated hydraulic conductivity[J]. Canadian geotechnical journal,2009,46 (12):1431-1445.

[12] 赵明华,刘小平,黄立葵.降雨作用下路基裂隙渗流分析[J].岩土力学,2009,30(10):3122-3126.

[13] 刘杰,姚海林,卢正,等.非饱和土路基毛细作用的数值与解析方法研究[J].岩土力学,2013,34(增刊2):421-427.

[14] 肖红宇,刘明寿,彭鹏程,等.基于黏性土分形特征的毛细水上升高度研究[J].水文地质工程地质,2016,43(6):48-52.

[15] 付强.红粘土路基水汽运移特性及防排水优化设计研究[D].长沙:长沙理工大学,2010.

[16] 邓改革,何建国,康宁波.基于多物理场耦合的毛细水高度研究[J].水土保持研究,2021,28(4):136-141.

[17] 苗强强,陈正汉,田卿燕,等.非饱和含黏土砂毛细上升试验研究[J].岩土力学,2011 (S1):327-333.

[18] 袁玉卿,李伟,赵丽敏.豫东黄泛区粉砂土毛细水上升研究[J].公路交通科技,2016,33 (2):33-38.

[19] 张志军,李亚俊,刘玄钊,等.某金属矿山尾矿坝中毛细水的上升规律[J].中国有色金属学报,2014,24(5):1345-1351.

[20] 刘迪,卢才武,连民杰,等.基于粒径效应影响的尾矿毛细特性试验[J].中国有色金属学报,2020,30(11):2746-2757.

[21] 刘婷,姜春露,郭燕,等.粉煤灰含量对砂土中毛细水上升规律的影响[J].煤炭学报,

2016,41(11)：2836-2840.

[22] 王中翰,柴金义,张宏.层状构造土体中毛细水上升的试验研究[J].内蒙古大学学报(自然科学版),2021,52(2):192-197.

[23] 宋修广,张宏博,王松根,等.黄河冲积平原区粉土路基吸水特性及强度衰减规律试验研究[J].岩土工程学报,2010,32(10):1594-1602.

[24] PENMAN A D M. Shear characteristics of a saturated silt,measured in triaxial compression [J]. Géotechnique,1953,3(8):312-328.

[25] WANG J L,VIVATRAT V,RUSHER J R. Geotechnical properties of Alaska oes silts [C]//Offshore Technology Conference. Houston,Texas,1982.

[26] IRAVANI S. Geotechnical characteristics of Penticton silt[D]. Edmonton:University of Alberta (Canada),1999.

[27] BRANDON T L,ROSE A T,DUNCAN J M. Drained and undrained strength interpretation for low-plasticity silts[J]. Journal of geotechnical and geoenvironmental engineering,2006,132 (2):250-257.

[28] 肖军华,刘建坤,彭丽云,等.黄河冲积粉土的密实度及含水率对力学性质影响[J].岩土力学,2008,29(2):409-414.

[29] 时维勇,孙玉海,杨强.黄河冲积平原区压实粉土强度浸水衰变特性研究[J].公路,2021,66(4):310-314.

[30] 安鸿飞,商玉洁,李婕,等.粉土路基压实控制指标的分析研究[J].广西大学学报(自然科学版),2019,44(1):206-211.

[31] BARZEGAR A R,OADES J M,RENGASAMY P. Soil structure degradation and mellowing of compacted soils by saline-sodic solutions[J]. Soil science society of America journal,1996,60 (2):583-588.

[32] CAI G H,LIU S Y,ZHENG X. Influence of drying-wetting cycles on engineering properties of carbonated silt admixed with reactive MgO[J]. Construction and building materials,2019,204:84-93.

[33] 高玉琴,王建华,梁爱华.干湿循环过程对水泥改良土强度衰减机理的研究[J].勘察科学技术,2006(2):14-17.

[34] 方庆军,洪宝宁,林丽贤,等.干湿循环下高液限黏土与高液限粉土压缩特性比较研究 [J].四川大学学报(工程科学版),2011,43(增刊1):73-77.

[35] 涂义亮,刘新荣,钟祖良,等.干湿循环下粉质黏土强度及变形特性试验研究[J].岩土力学,2017,38(12):3581-3589.

[36] 叶灵敏.干湿循环作用下非饱和粉土路基的工程特性研究[D].郑州:郑州大学,2014.

[37] 崔凯,陈蒙蒙,谌文武,等.干湿与盐渍耦合作用下土遗址强度劣化机理[J].兰州大学学报(自然科学版),2017,53(5):582-587.

[38] 董金玉,赵志强,杨继红,等.干湿循环作用下滑带土的变形演化和强度参数弱化试验研究[J].四川大学学报(工程科学版),2016,48(增刊2):1-7.

[39] 江强强,刘路路,焦玉勇,等.干湿循环下滑带土强度特性与微观结构试验研究[J].岩土力学,2019,40(3):1005-1012.

[40] CUI G H,CHENG Z,ZHANG D L,et al. Effect of freeze-thaw cycles on dynamic characteristics of undisturbed silty clay[J]. KSCE journal of civil engineering,2022,26(9):3831-3846.

[41] JIA Y,ZHANG J S,WANG X,et al. Experimental study on mechanical properties of basalt fiber-reinforced silty clay[J]. Journal of Central South University,2022,29(6):1945-1956.

[42] 安亮,邓津,郭鹏,等.黄土微观参数指标与动弹性模量关联度研究[J].岩土工程学报,2019,41(增刊2):105-108.

[43] 张婷,谭凡,杨哲.尾矿粉土动力变形特性试验研究[J].长江科学院院报,2020,37(12):146-151.

[44] 庄妍,朱伟,张飞.饱和粉质黏土动弹性模量影响因素分析及骨干曲线模型研究[J].中南大学学报(自然科学版),2019,50(2):445-451.

[45] 崔宏环,王志阳.冲积扇粉质黏土路基在交通荷载作用下的沉降变形影响因素分析[J].中外公路,2018,38(5):1-7.

[46] 吴豪,邓全胜,张国栋,等.振动频率对重塑粉质黏土动力响应特性的影响[J].三峡大学学报(自然科学版),2018,40(2):41-44.

[47] 卢文博.交通循环荷载作用下饱和粉土路基的累积沉降[D].杭州:浙江大学,2012.

[48] 谢琦峰,刘干斌,范思婷,等.循环荷载下饱和重塑黏质粉土的动力特性研究[J].水文地质工程地质,2017,44(1):78-83,90.

[49] TANG Y Q,YANG Q,YU H. Changes of the pore distribution of silty clay under the subway train loads[J]. Environmental earth sciences,2014,72(8):3099-3110.

[50] 肖军华,刘建坤.循环荷载下粉土路基土的变形性状研究[J].中国铁道科学,2010,31(1):1-8.

[51] 关彦斌,肖军华,陈建国.循环荷载下压实粉土的动态特性[J].交通运输工程学报,2009,9(2):28-31.

[52] 聂如松,董俊利,梅慧浩,等.考虑时间间歇效应的粉土动力特性[J].西南交通大学学报,2021,56(5):1125-1134.

[53] 梅慧浩,聂如松,冷伍明,等.考虑时间间歇效应的粉土永久变形特性单级和分级加载动三轴试验研究[J].铁道学报,2021,43(12):94-104.

[54] 饶有权,杨奇,聂如松.重载铁路路基低液限粉土动力变形特性试验研究[J].铁道科学与工程学报,2018,15(7):1714-1721.

[55] 张勇.武汉软粘土的变形特征与循环荷载动力响应研究[D].武汉:中国科学院武汉岩土力学研究所,2008.

[56] 雷宇,刘希重,宣明敏,等.基于服役需求的机场粉土道基临界动应力研究[J].铁道科学与工程学报,2023,20(3):950-960.

[57] WANG Y K,WAN Y S,WAN E S,et al. The pore pressure and deformation behavior of natural soft clay caused by long-term cyclic loads subjected to traffic loads[J]. Marine georesources & geotechnology,2021,39(4):398-407.

[58] 余周. 循环荷载作用下饱和粉质黏土动力特性的试验研究[D]. 成都:西南交通大学,2014.

[59] 李金秋,王秀艳,刘长礼,等. 交通荷载作用下焦作地区饱和粉质黏土变形特性及影响因素分析[J]. 长江科学院院报,2019,36(7):70-76,82.

[60] TANG Y Q,SUN K,ZHENG X Z,et al. The deformation characteristics of saturated mucky clay under subway vehicle loads in Guangzhou[J]. Environmental earth sciences,2016,75(5):1-10.

[61] 解磊,赵中华,雷勇. 地铁行车荷载作用下粉质黏土累积塑性应变特性[J]. 沈阳建筑大学学报(自然科学版),2019,35(1):91-100.

[62] 赵强,陈勇. 长期循环荷载作用下粉质黏土动力特性及相关模型修正[J]. 长江科学院院报,2018,35(12):123-128.

[63] HAILEMARIAM H,WUTTKE F. Cyclic mechanical loading of unsaturated silty clay soils[J]. E3S web of conferences,2020,195:03018.

[64] 刘文化,杨庆,唐小微,等. 交通荷载作用下非饱和土的动力特性试验研究[J]. 防灾减灾工程学报,2015,35(2):263-269.

[65] 王立娜,凌贤长,李琼林,等. 列车荷载下青藏冻结粉质黏土变形特性试验研究[J]. 土木工程学报,2012,45(增刊1):42-47.

[66] WANG L N,LING X Z,LI Q L,et al. Accumulative plastic strain of frozen silt clay under cyclic loading[J]. Applied mechanics and materials,2014,501/502/503/504:38-42.

[67] 昌思. 洞庭湖区饱和原状粉质黏土累积塑性应变规律[J]. 铁道勘察,2017,43(4):61-65.

[68] 陈坚,任青,喻孟初,等. 循环荷载作用下重塑饱和粉黏土的刚度弱化特性研究[J]. 水资源与水工程学报,2017,28(4):223-228.

[69] 刘家顺,王来贵,张向东,等. 部分排水时饱和粉质黏土变围压循环三轴试验研究[J]. 岩土力学,2019,40(4):1413-1419,1432.

[70] XU X T,LI Q L,XU G F. Investigation on the behavior of frozen silty clay subjected to monotonic and cyclic triaxial loading[J]. Acta geotechnica,2020,15(5):1289-1302.

[71] YAN C L,TANG Y Q,WANG Y D,et al. Accumulated deformation characteristics of silty soil under the subway loading in Shanghai[J]. Natural hazards,2012,62(2):375-384.

[72] YANG J Q,CUI Z D. Influences of train speed on permanent deformation of saturated soft soil under partial drainage conditions[J]. Soil dynamics and earthquake engineering,2020,133:106120.

[73] 刘文化,杨庆,唐小微,等. 干湿循环条件下粉质黏土在循环荷载作用下的动力特性试验

研究[J].水利学报,2015,46(4):425-432.

[74] 陈勇,赵强,CHAN D.干湿循环次数对粉质黏土动力特性的影响研究与预测[J].三峡大学学报(自然科学版),2017,39(6):52-56.

[75] 赵明龙,王建华,梁爱华.干湿循环对水泥改良土疲劳强度影响的试验研究[J].中国铁道科学,2005,26(2):28-31.

[76] 唐剑潇.干湿循环后路基石灰改良土的动力特性及应用[D].天津:天津大学,2007.

[77] 付兵先,史存林,马伟斌.延迟效应下干湿循环对水泥改良粉土动力特性影响的研究[J].铁道建筑,2009,49(10):79-82.

[78] 程菲菲.干湿循环作用下木质素-石灰改良粉土的力学特性研究[D].东营:中国石油大学(华东),2019.

[79] 钟秀梅,王谦,刘钊钊,等.干湿循环作用下粉煤灰改良黄土路基的动强度试验研究[J].岩土工程学报,2020,42(增刊1):95-99.

[80] 杨爱武,袁腾云,杨少朋,等.干湿循环与初始静偏应力耦合作用下城市污泥固化土动力累积变形特性[J].工程地质学报,2022,30(1):117-126.

[81] 王小春.西南山区膨胀土地区铁路路基工程风险评估与决策[D].成都:西南交通大学,2011.

[82] 刘晓红,杨果林,方薇.武广高铁无砟轨道路堑基床长期动力稳定性评价[J].中南大学学报(自然科学版),2011,42(5):1393-1398.

[83] 刘晓红,杨果林,方薇.红黏土临界动应力与高铁无砟轨道路堑基床换填厚度[J].岩土工程学报,2011,33(3):348-353.

[84] 刘晓红,杨果林,方薇.疲劳动剪应变门槛与武广高铁无砟轨道路堑基床长期动力稳定[J].岩土力学,2010,31(增刊2):119-124.

[85] 胡一峰.高速铁路路基长期动力稳定性缝隙的理论和实践(SCR-SG021)[R].德国:欧博迈亚公司,2008.

[86] HU Y F, HAUPT W, MÜLLNER B. ResCol-versuche zur Prüfung der dynamischen langzeitstabilität von TA/TM-Böden unter eisenbahnverkehr[J]. Bautechnik, 2004, 81(4):295-306.

[87] DOZ P, LNG D R, HU Y F. Bewertung der dynamischen stabilität von Erdbauwerken unter Eisenbahnverkehr[J]. Geotechnik, 2003, 26:42-56.

2　依托工程及其水文地质概况

2.1　某市铁路专用线 A

2.1.1　自然地理特征

（1）地形地貌

拟建铁路专用线 A 场地区域上地形地貌背景为山东丘陵的南缘向黄淮冲积平原过渡地带，表现为低山丘陵与冲积平原相间分布的地貌景观。场地外围有荆山、小黄山、孤山、青龙山等剥蚀残丘分布。

场地地貌单元为黄泛冲积平原区。场地现状为公路、农田、河堤、绿化及部分闲置空地，地势较平坦，局部略有起伏；地面标高最大值为 35.14 m，最小值为 31.30 m，地表相对高差为 3.84 m。

（2）气象

本区属于半温润温暖季风气候区，四季分明，多年平均气温为 14 ℃，历年最高气温为 43.3 ℃，最低气温为 −18.9 ℃。多年平均降水量为 839.4 mm，最大年降水量为 1 297.0 mm，最小年降水量为 500.6 mm。主导风向东北风，最大堆雪厚度为 25 cm，最大冻土深度为 24 cm。

2.1.2　水文特征

（1）地表水

拟建铁路专用线沿线 CK3＋000～CK4＋400 处主要接受大气降水补给，用于家畜养殖、农田灌溉，水位随季节变化明显。

（2）地下水

拟建铁路区域地下水类型主要为第四系孔隙潜水、碳酸盐性基岩裂隙岩溶水，分述如下：

① 孔隙潜水

孔隙潜水主要分布第四系土层中,其中粉土、含砂姜黏土为主要含水层,主要受地下径流及大气降水、地表水入渗补给,水量较丰富。以蒸发或垂直渗入形式进行排泄,主要接受河流侧面补给和大气降水垂直补给,地下水位随季节气候变化明显。本次勘察测量稳定水位标高为 30.30～31.34 m。

② 基岩裂隙岩溶水

基岩裂隙岩溶水主要赋存于下部石灰岩中,以外围基岩裸露区大气降水入渗、上覆孔隙水的下渗为主要补给源,以地下径流及人工开采为主要排泄途径,富水性受岩溶发育程度控制。基岩裂隙岩溶水水位变化受季节影响较为明显,丰水期水位上升,枯水期水位下降,埋深为 10～20 m,年变化幅度约为 10 m。

2.1.3 场地土层

第四系松散层主要分布在黄泛冲积平原区,根据钻孔控制共分为 6 个工程地质层,总厚度为 6.10～25.0 m。

层 1 杂填土:杂色,以黏性土、粉土夹碎石为主,局部含少量植物根系,土质松散,均匀性差。场地普遍分布,厚度为 1.00～6.00 m,平均厚度为 2.73 m;层底标高为 25.30～33.21 m,平均标高为 31.06 m;层底埋深为 1.00～6.00 m,平均埋深为 2.73 m。

层 2-1 粉土:灰黄色,稍湿,中密,局部密实,摇振反应迅速,无光泽,干强度低,韧性低。厚度为 2.80～4.40 m,平均厚度为 3.34 m;层底标高为 27.31～30.71 m,平均标高为 28.27 m;层底埋深为 3.50～7.00 m,平均埋深为 5.81 m。

层 2-2 粉质黏土:褐灰色,可塑,局部软塑,中-高压缩性,有光泽,无摇振反应,干强度中等,韧性中等。厚度为 1.00 m;层底标高为 26.31～27.40 m,平均标高为 26.67 m;层底埋深为 7.50～8.00 m,平均埋深为 7.83 m。

层 3-1 黏土:黄褐色,可塑,中压缩性,有光泽,无摇振反应,干强度高,韧性高,含有少量铁锰结核。厚度为 1.50～5.00 m,平均厚度为 2.83 m;层底标高为 23.18～31.45 m,平均标高为 26.12 m;层底埋深为 2.50～11.40 m,平均埋深为 7.91 m。

层 3-2 含砂姜黏土:褐黄色,硬塑,局部可塑,中压缩性,稍有光泽,无摇振反应,干强度高,韧性高,含有铁锰结核及砂姜,砂姜粒径约 0.6～8 cm,含量为 20%～30%。厚度为 2.00～9.50 m,平均厚度为 4.42 m;层底标高为 23.74～28.71 m,平均标高为 25.82 m;层底埋深为 5.50～11.00 m,平均埋深为 8.35 m。

层 3-3 黏土:黄褐色,硬塑,中压缩性,有光泽,无摇振反应,干强度高,韧性高,含有少量铁锰结核。厚度为 3.20～15.000 m,平均厚度为 10.56 m;层底标高为 9.31～20.54 m,平均标高为 13.83 m;层底埋深为 14.20～25.00 m,平均埋深为 20.14 m。

2.1.4 地质构造及地震

场地地层分区属华北地层区、徐宿地层小区。根据区域地质资料,场地及外围附近分布的基岩为侏罗系上统、寒武系中统-上统地层,岩性以碳酸盐岩及碎屑岩为主。场地浅部覆盖的土层主要为第四系上更新统-全新统黏性土。

场地大地构造位置处于华北地台、鲁西台背斜西南边缘地带,徐宿弧形构造大庙复背斜 NW 翼。场地及周边地层总体走向 NE,倾向 NW,倾角为 73°～82°,拟建铁路通过 NE 向 F60 断层及 NW 向 F69 断层,西侧距 NE 向 F65 断层约 2 km,北侧距 NE 向 F64 断层约 0.5 km,东北侧距 NW 向 F71 断层约 2 km。以上断裂构造规模小,切割浅,为非全新活动断层。

拟建铁路线附近断裂构造规模小,切割浅,全新世以来活动迹象不明显。

废黄河断裂带是附近最重要的一条断裂带,该断裂带位于拟建铁路线以南约 6.0 km,由三条近于平行的断层组成,走向北西,陡倾,宽度约为 1 000 m,南东端延伸至郯庐断裂带。断裂带生成于中生代,更新世以后以垂直升降运动为主,全新世活动迹象不明显。根据地震观测资料,断裂带沿线仅在徐州西部及睢宁高作附近有微震,震级为 0.4～3.2 级,显示其活动性微弱。

根据史料记载,拟建铁路线附近未曾发生过 5 级以上的地震。根据地震台网观测记录,1970-01-01—2004-09-30,邻近地区发生 1.0～1.9 级地震 61 次、2.0～2.9 级地震 67 次、3.0～3.9 级地震 13 次,反映本区地震活动性不强,仅表现为一些无感地震。根据《建筑抗震设计规范(2016 年版)》(GB 50011—2010),拟建场地位于抗震设防烈度 7 度区,设计基本地震加速度值为 0.1g,地震烈度分组为第三组。

综上所述:根据现有资料分析,拟建铁路线及外围附近全新活动断裂弱发育,地震活动性不强,区域地壳稳定。

2.2 某市铁路专用线 B

拟建铁路专用线 B 接轨于陇海线瓦窑站,新建走行线 2.35 m,在陇海线北侧,与陇海线平行。

地貌单元为河流冲洪积平原,路线西起瓦窑站,斜跨陇北河,向东穿越农田直至拟建中新钢厂。总体地形平坦开阔,地面绝对高程为 24.2～31.2 m。局部存在人工取土形成的鱼塘区,原地貌形态有所改变。

2.2.1 线路所在区域气象资料

该地区属半湿润温暖季风气候区,四季分明,光照充足。春季干旱少雨,以东风偏多;夏季炎热,以东南风偏多;秋季气候凉爽,偏北风增多;冬季寒冷干燥,多偏北风。年平均气温为 14.5 ℃,历年最高气温为 33.9 ℃,最低气温为 −22.4 ℃;多年平均降雨量为 839.4 mm,最大年降雨量为 1 297.0 mm,最小年降雨量为 500.6 mm;历年无霜期为 210 天;最大冻土深度为 24 cm,年平均风速为 3.2 m/s,常年主导风向是东风,其次是东北风。

2.2.2 地层岩性特征

根据钻探揭露,结合区域地质资料对比分析,按其成因和年代分类主要有:第四系全新统及第四系上更新统冲洪积形成的黏性土及砂土。现自上而下分述如下:

①层素填土:杂色,主要为松散的粉质黏性土,局部夹碎石、块石等,分布不均。厚度为 0.60～2.90 m,平均厚度为 1.17 m。该层土沿线分布较稳定,土质均匀性较差,工程特性差;岩土施工工程分级为Ⅰ级。

②-1A 层淤泥质黏土:软塑,有光泽,干强度高,韧性高,含腐殖质,有明显腐臭味儿。厚度为 0.40～2.00 m,平均厚度为 1.43 m。该层具有高压缩性。土质均匀性较差,工程特性差,岩土施工工程分级为Ⅰ级。

②-1 层粉质黏土:灰黄色,可塑,局部软塑,有光泽,干强度高,韧性高。场区普遍分布,厚度为 0.40～3.90 m,平均厚度为 1.33 m。该层土沿线分布较稳定,具有高压缩性。层厚较稳定,土质均匀性一般,工程特性差,岩土施工工程分级为Ⅱ级。

②-2 层粉质黏土:灰黄色,可塑,有光泽,干强度高,韧性高,局部见黑色氧化斑。场区普遍分布,厚度为 0.30～2.70 m,平均厚度为 0.84 m。该层土沿线分布较稳定,局部缺失,具有中高压缩性。层厚较稳定,土质均匀性一般,工程特性较差,岩土施工工程分级为Ⅱ级。

②-3 层粉质黏土:灰黄色,可塑～硬塑,有光泽,干强度高,韧性高,含铁锰结核及砂姜。场区普遍分布,厚度为 0.50～1.90 m,平均厚度为 1.14 m。该层土具有中压缩性。土质均匀性一般,工程特性一般,岩土施工工程分级为Ⅱ级。

③-1 层含砂姜黏土:黄褐色,硬塑,含铁锰结核及砂姜,砂姜粒径为 0.5～3 cm,含量为 10%～20%,局部为含砂质黏土,干强度高,韧性高。场区普遍分布,厚度为 1.20～3.70 m,平均厚度为 2.36 m。该层土具有中低压缩性。土质

均匀性较差,工程特性较好,岩土施工工程分级为Ⅱ级。

③-1A层中砂:黄色,密实,级配差,黏粒含量中等,主要矿物成分为石英、长石,次棱角状,磨圆度差。场区普遍分布,厚度为2.20～4.50 m,平均厚度为3.15 m。该层土具有中低压缩性。土质均匀性一般,工程特性一般,岩土施工工程分级为Ⅱ级。

③-2层黏土:黄褐色～灰绿色,硬塑,含少量铁锰结核及高岭土,有光泽,干强度高,韧性高,局部夹含砂质黏土。场区普遍分布,厚度为0.70～6.50 m,平均厚度为3.07 m。

2.2.3　水文特征

（1）地表水

铁路专用线沿线常年性地表河流为陇北河和新墨河,场地内地表水系主要为陇北河和新墨河。陇北河最宽处河宽约为37 m,水面宽度约为33 m,现河水水位约为25.12 m,河水较浅,水深为1.0～1.4 m,河流水量一般,水位随季节而变化;陇北河段局部分布水塘,尚有大量积水。

（2）地下水类型

铁路沿线地下水类型为上层滞水及承压水。

上层滞水赋存于①层素填土中。承压水赋存于③-1A层、③-2A层及③-3层中砂,③-5层及③-7层中粗砂及③-9层粉细砂中。中砂、中粗砂及粉细砂属透水;黏土、含砂黏土属弱透水或不透水,富水性差,地下水量贫乏,为相对隔水层。

（3）地下水埋藏情况及其变化特征

①层主要为上层滞水,以大气降水、地表径流为补给源,以自然蒸发、径流为主要排泄途径。

③-1A层、③-2A层及③-3层中砂,③-5层及③-7层中粗砂及③-9层粉细砂所含地下水类型为承压水,主要受大气降水、河流的侧向渗流补给,地下水位随季节变化略有变化,地下水位年平均变化幅度为1.00～2.00 m。

勘察期间各个钻孔中测得的初见水位大多在自然地表以下1.3～2.7 m,局部填土较厚区域初见水位较深(大于3.6 m)。稳定地下水位大多在自然地表以下1.5～3.0 m,局部填土较厚区域初见水位较深(大于3.8 m)。根据区域水文地质资料,地下水位年平均变化幅度为1.0～2.0 m,场地近3～5年最高水位为地面下1.0 m。

2.2.4 地质构造及地震

该市地质构造位置处于华北陆块区（Ⅰ₁）～胶东古陆块（Ⅱ₁）～鲁南被动陆缘与陆表海盆地（Ⅲ₁）～徐淮陆表海盆地（Ⅳ₂）～新沂—宿迁中生代磨拉石建造（Ⅴ₆）与秦祁昆造山系（Ⅰ₂）～大别—苏鲁地块（Ⅱ2）～苏鲁高压—超高压变质岩系折返带（Ⅲ₂）～苏鲁高压—超高压变质亚带（Ⅳ₃）～东海5—赣榆地区云母片岩—石英岩—花岗质片麻岩—榴辉岩变质建造（Ⅴ₇）的接合部，二者以F1断层为界，F1断层以西为郯庐断裂带，该市横跨于郯庐断裂带之上。

郯庐断裂带为我国东部一呈NNE向线性延伸，表现阶段性发展的深切岩石圈的深大断裂，其由一系列NNE向的主断层组成。

（1）NNE向主断层主要有F1、F2、F3、F5等4条，且大致平行，构成郯庐断裂带的一部分。

① F1断层：总体呈NE～NNE向，长约90 km，其为郯庐断裂带之东界断层。该断层走向为10°～20°，倾向NWW，倾角一般为70°～80°，为一大型逆断层。

② F2断层：总体呈NNE向，发育于城岗岩群的西侧，地表未见出露，东侧为一同方向的长条形谷地，北段翘起，向南倾斜。该断层总体走向为10°，推测为一向西倾斜的高角度正断层。

③ F3断层：总体呈NE～NNE向，长约26 km，该断层走向为20°～25°，推测为一向东倾斜的高角度正断层。

④ F5断层：发育于F1、F2断层之间，总体呈NE～NNE向，长约90 km，该断层走向为5°～15°，倾向东，倾角一般为60°，局部达70°～75°。根据其断面特征，该断层为压性、压扭性。

（2）NW向次级断层主要有F28～F33等6条，该组断层走向一般为300°～320°，因其形成较晚，切割了NNE向主断层，并使其走向在局部有所改变。其与NNE向主断层一道构成一系列相间分布的断块构造。

拟建场地以断层为主要构造形态，而褶皱构造不甚发育，位于NNE向主断层F3和F4之间。郯庐断裂为全新世活动性断裂，据史料记载，评估区曾发生过5级以上地震，震害皆来自邻区影响。1937年夏，菏泽发生过7.2级地震，1983年11月7日5时15分，又发生5.9级地震，地震波及本区时，震感明显。

3　粉土力学特性与毛细水效应试验研究

3.1　粉土基本工程特性

试验所用土样取自江苏徐州地区,取土深度为 0.5～2.0 m,呈黄褐色,颗粒分布均匀,细粒较多,黏性较弱,颗粒细腻且具有滑感,渗透性较强,天然含水率较高(24.39%)。开挖范围内土样以软塑为主,小、中孔隙发育,扰动后土样极易出现裂隙。风干粉碎后土样呈现红棕色,夹杂细碎石块。取样地点处土体状态如图 3-1 所示。

图 3-1　取样地点处土体状态

将现场取回的土样在 105 ℃条件下烘干 8 h 后置于土工布上,利用石碾反复碾压使土块破碎,再用 0.5 mm 和 2 mm 标准筛筛除杂质与大颗粒土块(见图 3-2)。土样整体呈现红～黄色,颗粒较为细腻,易破碎,黏性较弱。按照《铁路工程土工试验规程》(TB 10102—2010)要求对土样进行击实试验、界限含水率试验,试验结果表明:该土样最优含水率 w_{op} 为 9.3%～13.1%,最大干密度 ρ_{dmax} 为 1.91～1.98 g/cm³;该土样界限含水率受取样深度影响波动较大,其中塑限波动范围 $W_P = 17.21～20.78$,液限范围 $W_L = 24.04～30.51$,塑性指数范围 $I_P = 4.92～9.37$。依据《铁路工程岩土分类标准》(TB 10077—2019),可判定该类土样为粉土。

（a）烘干碎土　　　　　　　　　　　　　（b）筛土

（c）筛分后0.5 mm以下土样

图 3-2　土样筛分

3.2　粉土直剪剪应力-剪切位移关系曲线峰值后区特性

边坡的变形破坏过程被认为是土体的抗剪强度由峰值强度向残余强度逐渐衰减的过程[1]，故在边坡工程的强度设计和稳定性分析中，土体强度参数的选择至关重要。其中关于位移量大、多次沿着贯通剪切破坏面滑动的滑坡，滑带土多选用残余强度参数[2-3]，但李妥德等[4]却研究发现，滑带土残余强度存在再生现象，选用残余强度参数进行稳定性分析可能与滑坡当前的变形动态存在矛盾[5-7]。Gibo 等[8]使用 Bishop 型环形剪切装置首次观察了两种不同活化滑坡土样的强度恢复效应，结果表明有效法向应力小于 100 kPa 时强度恢复效应较明显，且法向应力越低强度恢复速度越快；陈传胜等[9]通过环剪试验得出了与Gibo 等[8]相同的结论，且提出了基于不同有效法向应力采用相应的残余强度和再生强度参数的取值方法。前述研究的共同之处是均在土体环剪试验中发现固结—大位移环剪—固结—再环剪条件下滑带土的残余强度存在再生现象，且残余强度不能恢复到应变软化峰值强度的水平。

土体应力-应变曲线一般分为应变硬化型和应变软化型,其中硬化型应力-应变曲线的本构关系常用 Duncan-Chang 双曲线模型[10]和指数模型[11]等来描述,软化型应力-应变曲线则常用驼峰曲线[12]等非线性模型来表示。土体剪切过程中首次应力峰值后强度参数的变化特征对该阶段应力-应变关系曲线发展趋势具有直接影响,为此,王水林等[13]基于试验成果针对岩土材料峰值后区应力-应变关系"二次硬化"现象,构建了黏聚力弱化而摩擦角增大的强化模型,并得到沈珠江、Hajiabdolmajid、Diederichs、Martin 等[14-17]的认同。郑立宁等[18]将该模型划分为后期硬化型剪应力-剪切位移关系模型。通过对不同初始状态土体试样进行不同法向应力下的剪切试验,探究含水率、压实系数对粉土剪切后期应力-应变关系的影响特征。

3.2.1 试验方案

考虑到实际工程中含水率控制在高于最优含水率 0~5% 范围内,压实效果较好[19],同时依据铁路现有规范对低液限粉土压实系数的要求,采用如下试验方案:压实系数以 $k=0.92$ 为基准,在 3 种含水率 9%、11%、13% 的条件下制备多组粉土试样,同时以含水率 $w=11\%$ 为基准,在 3 种压实系数 0.89(天然压实系数)、0.92、0.95 的条件下制备多组粉土试样。

按照《铁路工程土工试验规程》(TB 10102—2010)要求,将所用土样风干碾碎后过 2 mm 标准筛,加水配成目标含水率的湿土并密闭静置 24 h,待土样达到试验标准后,采用静压法将土样先压实后脱模以制成目标压实系数的标准环刀试样(内径为 61.8 mm,高度为 20 mm),试样制备完成后按顺序编号并用保鲜膜包裹。试验仪器如图 3-3 所示。

(a)制样器　　　　　　　　　　　(b)脱模仪器

图 3-3　试验仪器

　　将 5 种不同初始状态的试样安置在应变控制式直剪仪上,依据《铁路工程土工试验规程》(TB 10102—2010)16.2 条进行直剪试验,剪切速率为 0.8 mm/min,结合仪器量程,以剪切位移达到 12 mm 时结束试验。

3.2.2　不同法向应力粉土剪应力-剪切位移曲线演化规律

　　图 3-4 所示为不同初始状态下的粉土试样在不同法向应力下剪应力-剪切位移曲线的演化规律。由图 3-4 可知:当法向应力为 200 kPa 时,粉土剪应力-剪切位移曲线呈强应变软化型,软化特征十分明显;当法向应力为 100 kPa 时,其剪应力-剪切位移曲线多呈现强应变软化型,但部分试样出现了微幅的"二次硬化"现象;当法向应力为 50 kPa 时,剪应力-剪切位移曲线均出现了"二次硬化"现象,但不同压实系数、含水率下剪应力的"二次硬化"程度有所差距;当法向应力为25 kPa 时,多数粉土试样呈现出"二次硬化"现象,随着压实系数的增大,剪应力-剪切位移曲线的"二次硬化"现象逐渐显著,而随着含水率的升高,应力-位移曲线的"二次硬化"现象却不断弱化。

　　由此可见:法向应力对粉土剪应力-剪切位移曲线影响显著,当法向应力不小于 100 kPa 时剪应力-剪切位移曲线呈典型应变软化型;而当法向应力在100 kPa 以内时,剪应力-剪切位移曲线出现"二次硬化"现象,即土体初次剪切破坏后随着剪切位移的增加强度再次增大的现象,其中以 50 kPa 法向应力试验组呈现出的"二次硬化"现象最为显著。

3.2.3　粉土剪应力-剪切位移曲线"二次硬化"影响因子

　　土体作为非均质散体材料,其力学行为受诸多因素影响,选取含水率和压实系数两项路基填筑与稳定性分析中常用指标进行研究,分析二者变化对粉土"二次硬化"现象的影响程度。为确保试验结果的可靠性、"二次硬化"现象的重复性,对 50 kPa 法向应力下不同含水率和压实系数的粉土试样分别进行 5 组平行试验,试验结果如图 3-5 所示。由图 3-5 可知,不同含水率和压实系数下的粉土剪应力-剪切位移曲线族的形态特征具有一致性,即均出现"二次硬化"现象,且"二次硬化"的启动位移基本上位于 1.2~4 mm 范围,但"二次硬化"幅度等具有一定差异性。相同含水率和压实系数条件下,5 个平行粉土试样的"首次峰值"大小、对应的剪切位移、峰值前剪应力-剪切位移变化规律均接近,但"二次硬化"的启动位移、二次峰值大小及二次峰值对应的剪切位移量差异较大。表 3-1 给出了各初始状态下 5 个平行试样剪应力-剪切位移曲线族中出现"二次硬化"现象的数量。

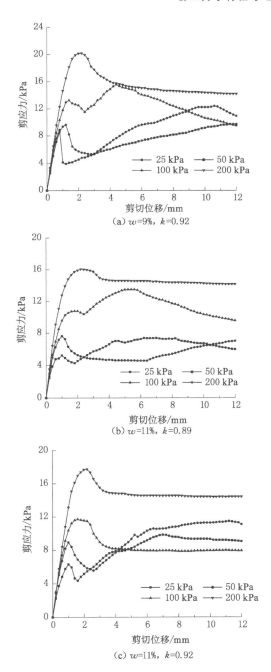

(a) w=9%, k=0.92

(b) w=11%, k=0.89

(c) w=11%, k=0.92

图 3-4 不同法向应力下剪应力-剪切位移曲线演化规律

湿-干循环作用下粉土静、动力学特性演化规律研究

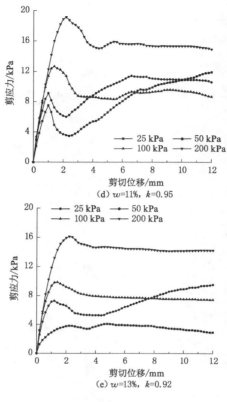

（d）$w=11\%$，$k=0.95$

（e）$w=13\%$，$k=0.92$

图 3-4（续）

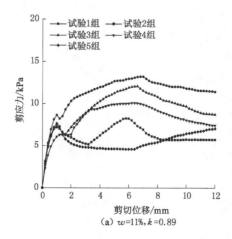

（a）$w=11\%$，$k=0.89$

图 3-5　50 kPa 法向应力下的粉土剪应力-剪切位移曲线

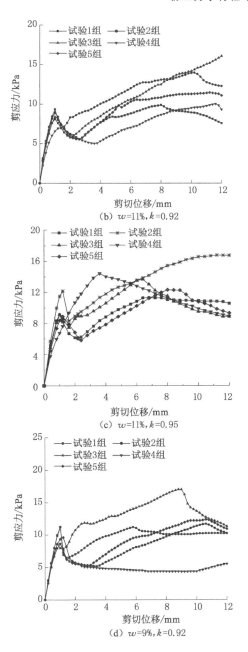

（b）$w=11\%, k=0.92$

（c）$w=11\%, k=0.95$

（d）$w=9\%, k=0.92$

图 3-5（续）

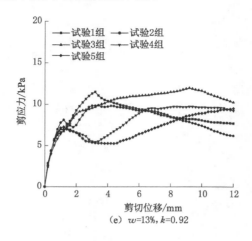

(e) $w=13\%$, $k=0.92$

图 3-5(续)

表 3-1 不同初始状态下粉土"二次硬化"现象次数汇总

含水率 $w/\%$	初始压实系数 k		
	0.89	0.92	0.95
9	—	3 次	—
11	3 次	5 次	4 次
13	—	3 次	—

　　由图 3-5、表 3-1 可知,50 kPa 法向应力下压实系数和含水率对粉土剪应力-剪切位移曲线"二次硬化"现象均有影响:低压实系数($k=0.89$)时,5 条粉土平行试验曲线中"二次硬化"峰值对应的剪切位移约为 6 mm;压实系数增加至 $k=0.92$ 时,"二次硬化"峰值对应的剪切位移明显增加,为 10~12 mm;高压实系数时,粉土"二次硬化"峰值对应位移波动较大。土样压实系数为 0.92 时,随着含水率的增加粉土剪应力-剪切位移曲线"二次硬化"峰值对应的位移有先增大后减小的趋势,其中以 $k=0.92$、$w=11\%$ 的 5 组试样的"二次硬化"现象规律性最强。

3.2.4　低法向应力下粉土强度演化规律

　　25 kPa、50 kPa 法向应力下粉土剪应力-剪切位移曲线呈现出"二次硬化"现象,土体强度由峰值强度衰减至残余强度后,会随着变形的增大再次增强。为观察再生强度的增长情况,定义强度硬化率公式如下:

$$\eta' = \frac{\tau_2 - \tau_1}{\tau_1} \times 100\% \qquad (3\text{-}1)$$

式中：η' 为粉土强度硬化率；τ_2 为粉土二次峰值强度，kPa；τ_1 为粉土首次峰值强度，kPa。

对 25 kPa 法向应力下粉土试样的首次峰值强度、"二次硬化"启动位移、二次峰值强度、强度硬化率等进行统计分析，其结果表 3-2 所示。由表 3-2 可知，25 kPa 与 50 kPa 粉土试样组演化规律基本一致，"二次硬化"启动位移范围比较一致，"二次硬化"幅度也具有一定差异性。土样含水率为 11% 时，随着压实系数的增加，粉土"二次硬化"峰值强度及其对应的剪切位移持续增加，强度硬化率也持续增加且均达到了 40% 以上，强度再生现象十分显著。随着含水率的增加，粉土"二次硬化"峰值强度先微幅增大后减小，对应的剪切位移则持续减小，强度硬化率波动幅度较大。

表 3-2　25 kPa 法向应力下土体强度、启动位移、强度硬化率汇总

试样初始状态	首次峰值强度/kPa	剪位移/mm	二次启动强度/kPa	启动位移/mm	二次峰值强度/kPa	剪切位移/mm	强度硬化率/%
$w=9\%$，$k=0.92$	8.88	0.8	3.89	1.2	9.72	12	9.46
$w=11\%$，$k=0.89$	5.23	1	4.27	1.8	7.39	6.2	41.30
$w=11\%$，$k=0.92$	6.29	1	4.34	1.6	9.84	7	56.44
$w=11\%$，$k=0.95$	7.5	1	3.47	2.4	11.91	12	58.80
$w=13\%$，$k=0.92$	3.82	2.2	3.38	3.4	4.06	5	6.28

50 kPa 法向应力下不同含水率和压实系数的平行粉土试样强度硬化率（见表 3-3）波动性较大，但绝大多数粉土试样的二次峰值强度都超过了其对应的首次峰值强度，强度再生现象也十分显著，强度达到二次峰值后会保持稳定或微幅衰减，部分试样的强度甚至会持续增长至试验结束。

表 3-3　50 kPa 法向应力作用下粉土强度硬化率

试样初始状态	强度硬化率/%				
	试验组 1	试验组 2	试验组 3	试验组 4	试验组 5
$w=9\%$，$k=0.92$	35.53	0.18	—		29.00
$w=11\%$，$k=0.89$	15.04	—	64.89		−7.86
$w=11\%$，$k=0.92$	21.95	49.47	91.19	42.67	28.44
$w=11\%$，$k=0.95$	25.22	38.21	50.55		38.63
$w=13\%$，$k=0.92$	—	21.09	—	38.66	30.67

3.2.5 不同初始状态下的粉土强度参数变化规律

根据莫尔-库仑(Mohr-Coulomb)强度公式,将粉土抗剪强度表示为:

$$\tau = \sigma \tan \varphi + c \tag{3-2}$$

式中:τ 为抗剪强度,kPa;c 为黏聚力,kPa;σ 为法向应力,kPa;φ 为内摩擦角,(°)。

对试验结果进行整理分析,拟合法向应力与初始抗剪强度、残余强度关系曲线,其中呈现"二次硬化"现象试样的初始抗剪强度和残余强度分别选取图 3-6 所示的首次峰值和残余值,初始抗剪强度参数和残余强度参数随压实系数、含水率变化规律如图 3-7 所示。

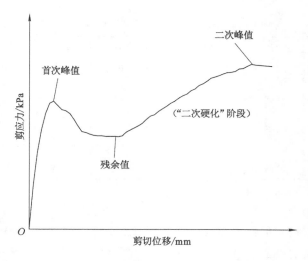

图 3-6 "二次硬化"现象典型曲线示意图

由图 3-7 可知:压实系数相同时,粉土黏聚力随含水率的增加近似呈线性衰减,内摩擦角则受含水率影响较小;含水率相同时,黏聚力随压实系数的增大近似呈线性增强,内摩擦角略有增大,但变化量很小。残余强度参数则受含水率、压实系数影响较小。

同时由图 3-7 也可以发现:初始抗剪强度衰减至残余强度时,黏聚力 c 会大幅衰减至残余黏聚力 c_r,随着含水率的增加衰减幅度逐渐降低,随着压实系数的增加衰减幅度则持续增大;而内摩擦角 φ 在初始抗剪强度衰减至残余强度时仅有微幅的下降,φ 和 φ_r 的差值很小,几乎不受含水率、压实系数的影响。

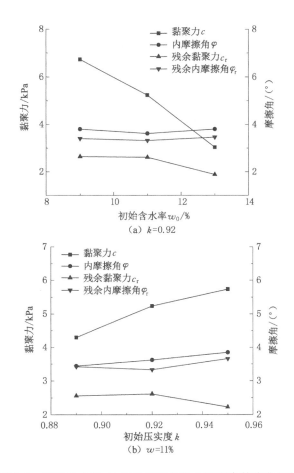

图 3-7   不同含水率、压实系数下的粉土强度参数演化规律

3.2.6   粉土"二次硬化"阶段强度参数变化规律

低法向应力下粉土剪应力-剪切位移关系曲线的"二次硬化"现象本质上是其残余抗剪强度再生问题,仅用残余强度参数已无法准确描述"二次硬化"阶段强度参数变化规律,需结合二次峰值进行分析。

由于较高法向应力下未出现残余强度再次增强现象,且低法向应力下二次峰值点总体上大于首次峰值点,若直接选用低法向应力下二次峰值和较高法向应力下对应剪切位移范围的剪应力值进行拟合,拟合相关系数较低。因此,为分析粉土"二次硬化"阶段强度参数(c、φ)变化规律,基于低法向应力(25 kPa、

50 kPa、100 kPa）下试验成果，将"二次峰值"作为再生抗剪强度，利用强度包络线确定再生抗剪强度参数[9,20]。

按照上述方法，以 $k=0.92$、$w=9\%$ 试验组为代表确定再生强度包络线，同时与初始抗剪强度、残余强度包络线进行对比[9]，其结果如图 3-8 所示。由图 3-8 可知，初始抗剪强度、残余强度、再生抗剪强度和法向应力间均呈线性关系。将残余值、二次峰值（图 3-6）分别视作"二次硬化"阶段的起点和峰值点，根据不同强度包络线在纵坐标上的截距和倾角分别求得相应的土的黏聚力、内摩擦角（图 3-8），由结果可知粉土"二次硬化"阶段强度参数规律性十分显著，在其"二次硬化"阶段内摩擦角由 $3.4°$ 增长至 $4.35°$，黏聚力由 2.643 kPa 显著提升至 8.135 kPa，且再生抗剪强度参数 c_2、φ_2 均超过了粉土的初始抗剪强度 c、φ 值。

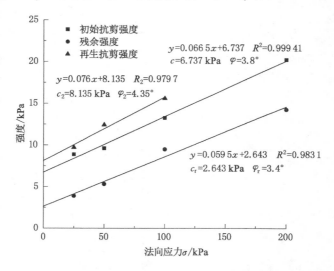

图 3-8　初始抗剪强度、残余强度及再生抗剪强度关系曲线

针对岩土材料峰值后区应力应变关系"二次硬化"现象，文献[13]～[18]构建了黏聚力弱化而摩擦角增大的强化模型（图 3-9）。然而，本次试验中发现低法向应力下粉土的剪应力-剪切位移关系曲线虽然也呈现出类似"二次硬化"现象，但从试验数据分析结果来看，低法向应力下粉土的峰值后区强度参数黏聚力、内摩擦角却均呈现出增大趋势，二者共同影响着粉土"二次硬化"阶段的强度演化过程。

3.2.7　粉土"二次硬化"现象内因探讨

剪切破坏前期，当变形集中于某一区域时，粉土变形失稳，土体破坏[21]。随着

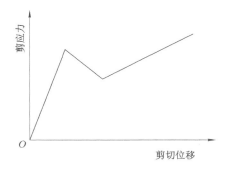

图 3-9 后期硬化型曲线[18]

剪切位移的增大,剪切面中心位置出现偏离,施加的法向应力场分布变得不均,发生明显的应力偏转,导致斜剪现象出现。斜剪过程中土体颗粒除被压缩外,还会在偏转法向应力作用下产生向土体内部移动的趋势,颗粒重新排列、剪切面含水率也有所降低,使得土体结构逐渐变密实,表现为破坏剪切面愈加致密。斜剪现象愈加明显,剪切面发生变化,在试验结束时形成一个不平整的剪切面[图 3-10(a)]。

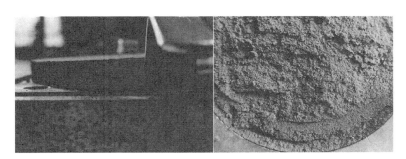

(a) "二次硬化"试样

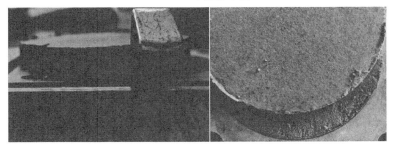

(b) 200 kPa试样

图 3-10 不同法向应力下粉土试样剪切面

　　粉土黏聚力在较小的位移下达到峰值,之后试样被破坏,胶结物脆裂和分子引力力消失,黏聚力前期大幅衰减。试验过程中,剪切面发生变化,土体结构逐渐变密实,颗粒间嵌挤力、咬合力增强[22],颗粒咬合作用和滑动摩擦增加,分子引力也变大,所以后期"二次硬化"阶段内摩擦角增大,黏聚力持续恢复。剪切面变化过程中颗粒不断翻转、破碎、滑移、重新排列,颗粒间咬合变密实,加之黏土颗粒可能产生的定向回弹现象[23-24],使得土体残余强度再次增强;而高于 100 kPa 法向应力作用下的土体颗粒间的嵌挤力与咬合力均较大,剪切过程中形成的剪切面平整、稳定且致密[图 3-10(b)],颗粒难以重新回弹,所以剪切过程中峰值强度衰减至残余值后便趋于稳定。

3.3　不同压实状态与剪切速率下粉土强度特性三轴试验

　　张燕明等[25]基于统计分析法确定了北方地区粉土的颗粒组成,并通过分析粉土部分内在指标的相关性揭示了决定粉土物理力学性质变化的内在本质是粉粒含量的变化。任华平等[26]对击实粉土开展了室内大型动三轴试验,研究表明压实度对累积塑性应变及临界循环应力比均有影响,荷载频率对加载前期的累积塑性变形发展速率影响较为显著。蒋佳莉等[27]对银川地区重塑粉质黏土进行不同干-湿循环次数和不同围压条件下的 UU 三轴试验,得到了粉质黏土力学特性随干-湿循环次数的变化规律。黄琨等[28]对原状欠固结的第三系粉砂土和重塑土进行了直剪试验,研究了非饱和土的抗剪强度与含水率之间的关系。霍海峰[29]验证了抗剪强度与剪切速率、固结围压之间的关系。朱志铎等[30]以粉土及处理后的稳定土为研究对象,进行了不固结不排水三轴剪切试验和固结不排水三轴剪切试验,寻找出粉土改性最佳掺加剂。土的压实系数、含水率和剪切破坏速率为土力学性能的重要指标,不同压实系数及剪切速率下土体的力学特性差别较为明显,在实际工程中,土体压实系数及剪切速率的改变时有发生,因此许多相关学者深入研究了压实系数及剪切速率对土体力学特性的影响。陈伟等[31]采用三轴试验研究了不同含水率和不同压实系数条件下压实黄土的应力-应变特性,Konrad 等[32]指出研究非饱和土的抗剪强度,关键问题在于区分土体孔隙中对其强度有贡献的那部分水和对其强度没用贡献的那部分水。吴瑞潜等[33]研究了剪切速率对重塑粉土抗剪强度特征的影响,结果表明剪切速率会影响粉土中水分的迁移。赵丽敏等[34]通过固结试验、液塑限试验和直剪试验对黄泛区粉砂土静力特性进行了研究。张海明等[22]通过大型直剪试验研究了含水率及法向应力对粉土抗剪强度的影响规律。徐肖峰等[35]发现直剪剪切速率小而抗剪强度略微提高的本质原因为:破碎后的细颗粒重新构成土骨架孔隙,造成试样密实度增加。

目前,有关剪切速率对土体力学特性影响的研究主要集中在黄土、膨胀土和粉砂土,针对不同剪切速率下粉土力学特性的研究相对较少,严重影响粉土地区公(铁)路路基的稳定性分析。为此,有必要通过对不同压实系数、不同剪切速率下的粉土进行不固结不排水三轴剪切试验,研究不同压实系数下粉土的应力-应变关系、破坏强度等随剪切速率的演化规律。

3.3.1　试样制备及试验方法

根据《铁路工程土工试验规程》(TB 10102—2010),需对现场取回土进行风干碾碎并过 2 mm 标准筛,按照最优含水率计算风干土样所需加水质量,在喷水充分搅拌后密封,放置在保湿缸 24 h,使土样含水率分布均匀,用于制备不同压实系数的试样。试验采用圆柱形粉土试样,试样高度为 80 mm,直径为 39.1 mm,采用分五层静压制法制备,根据压实系数将试样分为两组,分别为 0.89(天然压实系数)和 0.92(地基要求压实系数),每组共 12 个试样。

由于依托铁路专用线施工工期紧,路基填筑速度快,为服务工程建设实际,针对压实系数分别为 $k=0.92$(地基表层翻挖回填压实标准)、$k=0.89$(地基表层下天然粉土密实状态)的非饱和粉土开展不同剪切速率下 UU 三轴试验。其中 UU 三轴剪切试验依据《铁路工程土工试验规程》(TB 10102—2010)第 18.4条要求在 TSZ-6 型全自动三轴仪上进行。考虑到粉土取样深度较浅,为浅层土样,围压较小,故围压选用 25 kPa、50 kPa、75 kPa、100 kPa。试样剪切至轴向应变为 20% 时结束。

表 3-4　试样初始状态

初始含水率 $w/\%$	初始压实系数 k	剪切速率 $v/(\text{mm/min})$	试样个数	
			每组个数	总数
9.3	0.89	0.4、0.6、0.8	4	12
9.3	0.92	0.4、0.6、0.8	4	12

3.3.2　主应力差-轴向应变关系

不同剪切速率及压实系数下的粉土主应力差-轴向应变关系如图 3-11 所示。由图 3-11 可知,各剪切速率及压实系数条件下,粉土试样的主应力差-轴向应变曲线均为应变软化型。

图 3-11 表明粉土的主应力差-轴向应变曲线可以分为 3 个阶段:

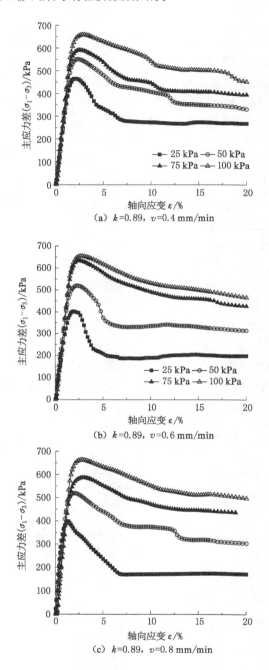

(a) $k=0.89$, $v=0.4$ mm/min

(b) $k=0.89$, $v=0.6$ mm/min

(c) $k=0.89$, $v=0.8$ mm/min

图 3-11　不同剪切速率及压实系数下粉土主应力差-轴向应变曲线

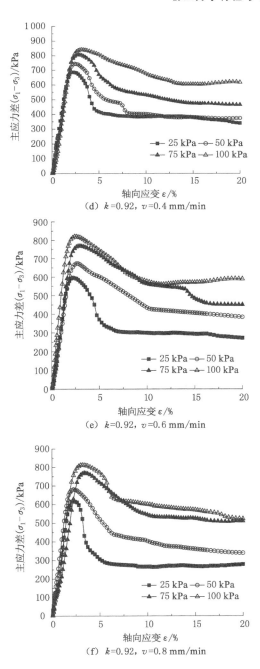

图 3-11(续)

（1）试样压密阶段：轴向应变小于 2% 时，试样主应力差随着轴向应变的增长迅速增长，试样高度减小但并未出现鼓胀及裂纹，此阶段内试样内部孔隙在轴向压力的作用下逐渐缩小，试样被压密。

（2）主应力差转折阶段：随着轴向应变增加，主应力差先缓慢增加后迅速减小。该阶段试样形态与围压有一定的关系，围压为 25 kPa、50 kPa 条件下，距试样顶端 16～32 mm 范围内先发生了轻微鼓胀而后产生细小裂纹，且随着轴向应变的增加裂纹逐级连通形成主裂纹[图 3-12(a)]；当围压为 75 kPa、100 kPa 时，试样中部出现明显鼓胀且鼓胀部分伴有微裂纹[图 3-12(b)]。这是由于在低围压条件下试样侧面所受压力较小，颗粒易沿剪应力薄弱面发生相对滑动形成主裂纹，而高围压条件下试样平均应力增加，颗粒不易发生相对滑动[36-37]，在剪切过程中试样两端出现压缩变形，导致其中部分层界面[38]出现鼓胀现象。

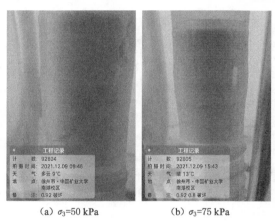

（a）$\sigma_3=50$ kPa　　　（b）$\sigma_3=75$ kPa

图 3-12　试样裂缝

（3）主应力差平稳阶段：随着轴向应变增加，主应力差逐渐衰减并趋于稳定，但围压越大其趋于稳定所需的轴向应变也越大。

不同剪切速率及压实系数下粉土破坏应变如图 3-13 所示，由图可知：在剪切速率 v 为 0.4 mm/min、0.6 mm/min 且围压小于或等于 75 kPa 时，两种密实状态的粉土破坏应变随围压增大而均呈现出线性增大关系；高剪切速率 $v=$ 0.8 mm/min 条件下，破坏应变-围压关系曲线的波动性较大，且随着土体压实系数的增大而愈加显著。这是由于压实系数越大，土体密实状态越高，土颗粒在剪切过程中移动受到的限制越大[39]，随着剪切速率的增加，主应力面上粉土颗粒位置调整速度逐渐难以与剪切速率匹配，极易在土体内部区域形成应力集中现象而产生破坏，使得土样宏观破坏应变呈现出较大波动。

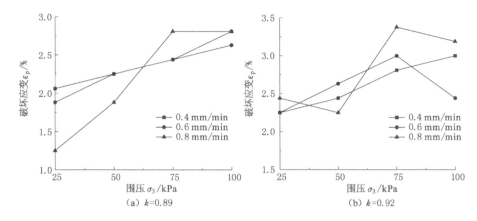

图 3-13 不同剪切速率及压实系数下粉土破坏应变

3.3.3 不同剪切速率下粉土破坏强度与残余强度特征

破坏强度是反映土体极限承载力的重要指标之一。由图 3-11 可知,粉土的主应力差-轴向应变曲线均为应变软化型,按照《铁路工程土工试验规程》(TB 10102—2010)18.4.2 条规定的土体破坏强度取值方法,粉土破坏强度取峰值强度即可。粉土破坏强度随围压的变化规律如图 3-14 所示。由图 3-14 可知:不同剪切速率条件下,土样破坏强度与围压近似呈线性关系;土样破坏强度与围压拟合直线斜率随着压实系数的增加而增大,说明在相同围压增幅时,土体的破坏强度增量随压实度增加而增大。

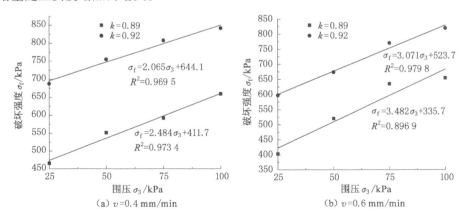

图 3-14 不同剪切速率及压实系数下粉土破坏强度

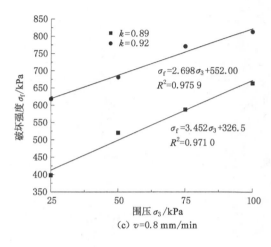

图 3-14（续）

　　残余强度是指土体在破坏后尚且具备的抵抗外荷载的能力，当主应力差-轴向应变曲线出现主应力差平稳发展阶段时，残余强度取主应力差稳定值；当主应力差-轴向应变曲线在 20% 轴向应变内未出现平台时，取轴向应变为 10% 时对应的主应力差作为残余强度。不同压实系数及剪切速率对粉土残余强度的影响规律如图 3-15 所示。由图 3-15 可知：当剪切速率由 0.4 mm/min 逐渐增大至 0.8 mm/min 时，粉土残余强度-围压关系曲线由近似线性关系逐渐转变为对数函数曲线型关系，但残余强度的波动性随土体压实系数增加而增大。

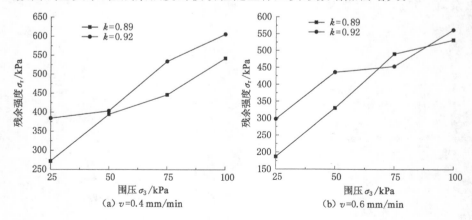

图 3-15　不同剪切速率及压实系数条件下粉土残余强度

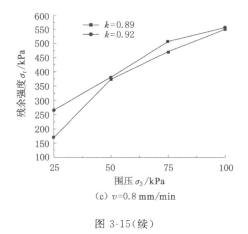

(c) $v=0.8$ mm/min

图 3-15(续)

为了方便比较不同加载速率及压实系数下粉土峰值强度衰减情况,引入粉土峰值强度衰减系数 η:

$$\eta = \left(1 - \frac{\sigma_r}{\sigma_f}\right) \times 100\% \tag{3-3}$$

式中:η 为粉土残余强度衰减系数;σ_r 为粉土残余强度;σ_f 为峰值强度。

不同剪切速率及压实系数下粉土残余强度衰减系数发展规律如图 3-16 所示。由图 3-16 可知:剪切速率为 0.4 mm/min 试验组粉土峰值强度衰减系数随围压的增大呈近似线性衰减,而密实状态增大后土体的峰值强度衰减系数也同步增大;当剪切速率由 0.4 mm/min 逐渐增大至 0.8 mm/min 时,峰值强度衰减系数-围压关系曲线由近似线性关系逐渐转变为指数函数型。同一围压及剪切速率条件下,粉土峰值强度衰减系数随压实系数的最大变化幅度为 18.39%($v=0.6$ mm/min,$\sigma_3 = 75$ kPa)。其中 $k=0.89$ 试验组为 16.87%($v=0.8$ mm/min)~18.88%($v=0.6$ mm/min),$k=0.92$ 试验组为 28.12%($v=0.4$ mm/min)~31.58%($v=0.6$ mm/min)。

考虑最不利情况,试样在不同剪切速率及不同压实系数下的粉土峰值强度衰减系数变化幅度最大近 20%,由此可知,路基工程建设中过快的施工进度将会大幅度增加地基失稳风险。

3.3.4 黏聚力及内摩擦角

不同剪切速率及压实系数对粉土抗剪强度参数的影响如图 3-17 所示。由图 3-17 可知:在相同剪切速率条件下,粉土内摩擦角随压实系数的增加而增大,而黏聚力则呈减小趋势。不同密实状态的粉土黏聚力随加载速率的增大呈现出

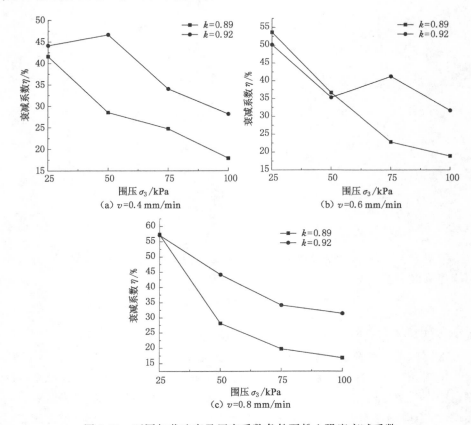

图 3-16　不同加载速率及压实系数条件下粉土强度衰减系数

先减小后增大的变化规律,剪切速率为 0.6 mm/min 时测得的粉土黏聚力最小,分别为 75.52 kPa($k=0.89$)和 126.2 kPa($k=0.92$)。较剪切速率为 0.4 mm/min 试验组衰减幅度分别为 31.01% 和 30.21%,与 0.8 mm/min 时相差不大。不同密实状态粉土内摩擦角随剪切速率的增加先增大后缓慢减小,对应的转折点剪切速率同样为 0.6 mm/min。当剪切速率为 0.6 mm/min 时,内摩擦角达到最大值,分别为 40.22°($k=0.89$)和 37.84°($k=0.92$),较剪切速率为 0.4 mm/min 的实验组提升幅度分别为 18.96% 和 22.30%。

　　在剪切速率为 0.6 mm/min 出现转折的原因可能为:低速剪切过程中(0.4 mm/min→0.6 mm/min)剪切薄层内土颗粒能够有相对充分的时间"滑移""翻越"邻近颗粒而进行位置调整,宏观上表现为摩擦角增大而黏聚力降低;随着剪切速度的进一步增大,在较快速剪切过程中(0.6 mm/min→0.8 mm/min),剪切薄层内土颗粒位置调整难度增大,颗粒结构产生挤压变形、剪切破坏的概率上升,

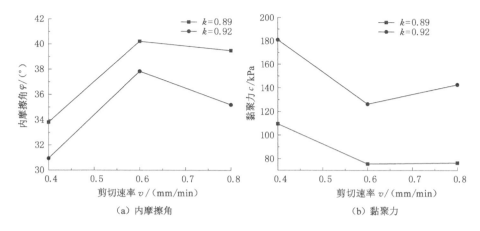

图 3-17 粉土抗剪强度参数-剪切速率关系曲线

表现为黏聚力增大而摩擦角减小。受试验量的影响,粉土抗剪强度指标随剪切速率的变化规律、准确转折剪切速率以及剪切薄层内土颗粒微观形态与位置调整等尚有待深入研究。

3.4 粉土毛细特性研究

3.4.1 毛细现象及其机理

3.4.1.1 毛细现象

如图 3-18 所示,分别将微细玻璃管插入水和水银中,可以观察到以下现象:插入水中的细玻璃管内水面会升高,且管径越小管内水面越高,而插入水银中的玻璃管内水银面却会降低,且管径越小管内水银面越低,这种类似微细玻璃管内水面升高或水银面降低的现象就叫毛细现象。

3.4.1.2 毛细现象与接触角的关系

毛细管中液体是上升还是下降取决于毛细管材料与液体之间的浸润性。若液体是浸润性液体,则毛细管内液面将升高,且浸润性越强液面越高;相反,若液体是不浸润性液体,则毛细管内液面将下降,且不浸润性越强液面越低。表示毛细管材料与液体之间的浸润关系及浸润强度的指标是接触角。如图 3-19 所示,将液体滴在材料表面,待液滴铺展稳定后,在气-液-固三相交点处固-液交界线之间的夹角 θ 就是接触角。接触角的大小与材料及其表面平整度、液体种类和性

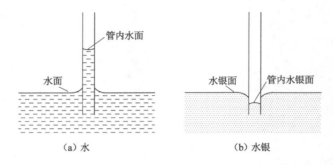

（a）水　　　　　　　　　（b）水银

图 3-18　毛细现象示意图[40]

质等因素有关,其变化范围为 $0°\sim180°$。当 $\theta\leqslant90°$ 时,表明固、液体间的润湿性较强,液体将沿毛细管上升;当 $\theta>90°$ 时,表示固、液体间润湿性较弱,液体将沿毛细管下降。

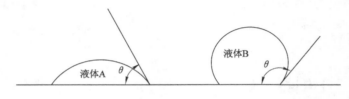

图 3-19　接触角示意图

3.4.1.3　毛细作用机理

表面科学中的物理界面层模型认为,在固、液两相的接触界面上存在厚度约为一个分子作用半径的薄层液体界面层,界面层上的液体一侧受到固-液体分子之间的静电力作用,宏观上表现为黏着力 F,另一侧受到液体内部分子之间的相互作用力,即黏聚力 P。

若材料和液体之间是浸润关系,则 $F>P$,液体内部分子被拉向界面层方向,界面层液体有沿固体表面不断铺展的趋势,毛细管中液面不断升高直至黏着力、黏聚力和毛细水重力等达到力学平衡状态。

若材料和液体之间是不浸润关系,则 $F<P$,界面层液体分子被拉向液体内部,界面层有不断收缩的趋势,毛细管中表现为液面不断降低直至达到力学平衡状态。

3.4.2　毛细作用主要影响因素

土是由土颗粒、粒间胶结物、水(含结合水和自由水)、孔隙气体等组成的复杂散体材料,土中毛细作用强弱或毛细水上升高度与土颗粒大小、土的密实程度、粒间孔隙大小与连通情况等密切相关。

3.4.2.1 微细颗粒粒径与土体级配的影响

土中毛细水上升高度与毛细管等效直径大小有关,而毛细管等效直径又与土体级配和微细颗粒粒径有关:① 对于级配良好的土体,通常认为毛细管等效直径与微细土颗粒粒径相等(颗粒级配分析中的 d_{10}),当微细颗粒粒径为 0.05～0.005 mm 时,土体具有强烈的毛细作用,毛细水上升高度与颗粒粒径呈反比;② 对于级配不良的土体,若土体中微细颗粒含量过少或粒径过大,则粒间孔隙过大,无法形成毛细机构。而土体中微细颗粒粒径过小且含量过大时,土颗粒间的孔隙将被颗粒表面的结合水填充或隔断,毛细水水分子运动的黏滞阻力过大,毛细作用不明显,毛细水上升高度较小,这就是低渗透性黏土常被用作隔水填料的原因。

3.4.2.2 土体种类的影响

不同种类的土通常具有不同的矿物成分、胶结方式、颗粒形状和粒径等,毛细作用的强弱也不同,如砂土中的毛细水在迁移过程中基本不受结合水的黏滞阻力作用,毛细水上升高度只取决于毛细管等效直径和水的表面张力。

3.4.2.3 土壤盐类性质的影响

受成土母岩种类差异、成土过程复杂以及气候环境的影响,不同土壤含有的盐分种类、各种盐类之间的比例关系及盐分总含量等都不同。盐类对毛细水的影响本质上是其在水中的溶解和析出对微细孔隙通道的影响,如土壤中 Na_2SO_4 的溶解度随温度降低而减小,当溶液中 Na_2SO_4 含量超过该温度下的溶解度时,Na_2SO_4 便以晶体的形式析出,减小毛细水通道的过水面积或直接阻塞过水通道,从而增加毛细水运移阻力,降低毛细水上升高度,相反,温度升高时则毛细水的上升高度增加。而 NaCl 的溶解度对温度不敏感,土壤温度变化不会导致 NaCl 晶体析出或溶解,对毛细水通道基本没有影响。在工程实践中,对于非盐渍土而言,土壤中的各种盐分含量通常较少,对毛细作用影响微弱,通常可以忽略不计。

除上述影响因素之外,土壤中的毛细作用还与温度、颗粒形状、土粒亲水程度、含水率等因素有关,在具体研究过程中应根据工程构筑物的功能、服役环境和土壤种类等而开展有针对性的研究。

3.4.3 粉土毛细水效应试验

3.4.3.1 试验方案

（1）土样准备

根据《铁路工程土工试验规程》（TB 10102—2010）要求，将取回的土样进行风干碾碎并过 2 mm 标准筛后测定其初始含水率，按照最优含水率（9.3%）计算土样中所需加水量，然后通过喷壶将相应质量的水加入风干土样中，且在此过程中不断搅拌土样。为使土样中水分分布均匀，将配置好的湿土密封于塑料袋内静置一昼夜备用，湿土配置过程如图 3-20 所示。

（a）配土　　　　　　　　　　　　　（b）密封

图 3-20　湿土配置过程

（2）试验步骤

本试验以最优含水率为控制指标，填筑初始压实系数 0.89（天然土样压实系数）、0.92[《铁路路基设计规范》（TB 10001—2016）要求的地基压实系数]的土柱。

具体试验步骤如下：

① 按上述压实系数计算所需土样质量，分 20 层装入内径为 9 cm、高度为1.5 m 的厚壁透明有机玻璃管后采用木棍击实，击实过程如图 3-21（a）所示，每层高度为 5 cm，填筑总高度为 100 cm。

② 将试样竖直立于透水石后在容器内加水，为了方便读数在水中加入蓝色墨水。

③ 采用直接观测法观测毛细水上升高度，时间间隔按《铁路工程土工试验规程》（TB 10102—2010）进行选取，读数时间为 5 min、10 min、20 min、30 min、60 min，此后根据毛细水上升高度变化速率数小时读取一次，直至上升高度不变为止。试样观测如图 3-21（b）所示。

④ 待毛细水上升高度随时间的增长趋于稳定时，卸下有机玻璃管后从 0 cm开始每 5 cm 取土样进行含水率测试，直至 100 cm，且在毛细水上升总高度附近

（a）击实过程 （b）试样观测

图 3-21 毛细水上升试验

加密取样,其中取土过程如图 3-22 所示。

图 3-22 取土过程

毛细水上升速率采用下式计算:

$$v = \frac{h_{i+1} - h_i}{t_{i+1} - t_i} \tag{3-4}$$

式中:v 为毛细水上升速率,cm/h 或 cm/d;h_i,h_{i+1} 为 i、$i+1$ 时间后毛细水上升高度,cm;t_i,t_{i+1} 为相邻静置时间。

3.4.3.2 不同压实系数对粉土毛细水上升高度的影响

图 3-23 所示为不同初始压实系数下粉土毛细水上升高度、上升速率与时间

的关系。由图 3-23 可知,不同初始压实系数粉土试样毛细水上升高度(h)随时间(t)变化的关系可采用下式所示的幂函数表示:

$$h = At^B \tag{3-5}$$

式中:h 为毛细水上升高度,cm;t 为时间,d,其中 $t_{max} = 25$ d;A,B 为试验参数。

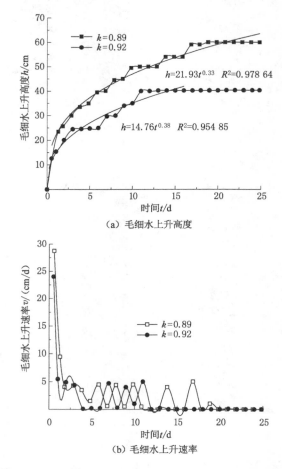

(a) 毛细水上升高度

(b) 毛细水上升速率

图 3-23　不同初始压实系数下粉土毛细水上升高度、上升速率与时间的关系

由图 3-23 和图 3-24 可知:根据毛细水上升速率的快慢,非饱和粉土毛细水上升过程大致可以分为剧烈上升、过渡、稳定等三个阶段。其中剧烈上升阶段内毛细水上升速率分别为 28.73 cm/d($k = 0.89$)、24.03 cm/d($k = 0.92$),毛细水上升高度大致为总上升高度的 30%,所需时间为毛细水上升总时间的 4% 左右;过渡阶段内,随时间的推移毛细水上升高度平缓增加,上升速率逐渐减小至 0～

5 cm/d,这主要是因为同一初始压实系数下,随毛细水上升高度的增加毛细水重力势能增大,土体总体吸力逐渐减小[41],此阶段所需时间约为总时间的 90%;稳定阶段内,随时间的推移,粉土毛细水上升高度趋于稳定,难以观察到土样中毛细水继续上升,稳定所需时间分别为 20 d($k=0.89$)、14 d($k=0.92$)。试验初期,同一时间内毛细水上升速率随初始压实系数的增加而逐渐减小,但在 6 天后,上升速率出现波动,这是由于上升高度较高,土样颜色变化较浅,读数与实际高度出现误差。整个试验过程中,两个压实系数试验组毛细水上升高度的差值随着时间的推移表现出先增大后趋于稳定的趋势,其中毛细水上升总高度为60 cm($k=0.89$),40.2 cm($k=0.92$)。

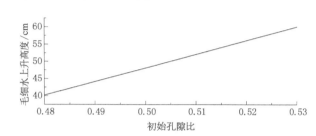

(a) 毛细水上升高度与初始孔隙比的关系

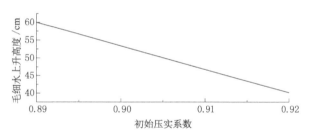

(b) 毛细水上升高度与初始压实系数的关系

图 3-24 粉土毛细水上升高度与初始孔隙比和初始压实系数的关系

工程上常用的估算毛细水高度的方法为 Hazen 经验公式[42]:

$$h_c = \frac{C}{ed_{10}} \tag{3-6}$$

式中:e 为土体孔隙比;d_{10} 为土的有效粒径;C 为与土颗粒形状和表面清洁度有关的系数,$C=1\times10^{-5}\sim5\times10^{-5}$ m²。

为了验证现有常用经验公式 Hazen 公式的准确性,依据式(3-6)对两组初始压实系数(初始孔隙比)试样的毛细水上升最终高度进行计算,结果如表 3-5 所示。

表 3-5 经验值及试验结果比较

初始压实系数	初始孔隙比	试验值/cm	Hazen 公式计算值/cm
0.89	0.53	60.0	18.7～94.3
0.92	0.48	40.2	20.8～104.2

由表 3-5 可知,初始压实系数越大,初始孔隙比越小,Hazen 经验公式计算值的范围相对较大,试验所得毛细水上升高度越小。虽然两组初始压实系数粉土试样毛细水上升高度均在 Hazen 公式计算值范围内,但其与计算值上、下限相差较大。在工程中采用上限值则会安全性过高,防护措施过于保守,进而造成经济浪费;若采用下限值则可能会导致防护措施失效,进而降低路基的服役性能。因此有必要进行粉土毛细水上升高度试验研究。

3.4.3.3 毛细水上升稳定后土体湿度随高度变化规律

毛细水上升稳定后不同初始压实系数粉土湿度状态随试样高度变化规律如图 3-25 所示。

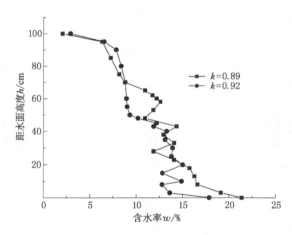

图 3-25 毛细作用下粉土湿度变化规律曲线

由图 3-25 可知:同一初始压实系数粉土含水率随土样高度的增加整体呈衰减趋势,即在土样与透水石接触面含水率达到最大,分别为 21.39%($k=0.89$)、17.87%($k=0.92$);当高度小于或等于 20 cm 时,粉土含水率随着初始压实系数增大而减小;当毛细水上升高度在 20～48 cm 范围内时粉土试样含水率增长幅度减小,几乎不受初始压实系数的影响;当毛细水上升高度在 48～65 cm 范围内时 $k=0.92$ 的试验组含水率保持不变,而 $k=0.89$ 试验组毛细作用仍旧显著,试样含水率较初始值增大了 1%～4%。

3.4.4 毛细管液-气弯曲界面的力学分析

毛细管液-气弯曲界面形状与毛细管材料和液体之间的浸润关系有关,当固-液体之间是高浸润关系(或低润湿关系)时,毛细管中的稳定液-气弯曲界面呈凹(或凸)弯曲液面。由于土水之间为完全浸湿关系,即接触角 $\theta = 0°$,土中毛细水液-气弯液面为凹形。以下将以凹形弯液面为例,分析液-气弯曲界面的力学平衡关系。

液-气弯曲界面的力学平衡关系可以用 Young-Laplace 方程表示。如图 3-26 所示,取液-气弯曲界面上面积为 dA 的微单元 $abcd$,R_1 和 R_2 是弯曲界面的两个正交曲率半径,T_s 为液体表面张力。设作用在弯曲界面凹面一侧和凸面一侧的压力分别为 u_1 和 u_2,则界面内外总压力差为:

$$\Delta P = (u_1 - u_2)\mathrm{d}A = 4(\sigma_1 - \sigma_2)R_1R_2\mathrm{d}\theta_1\mathrm{d}\theta_2 \tag{3-7}$$

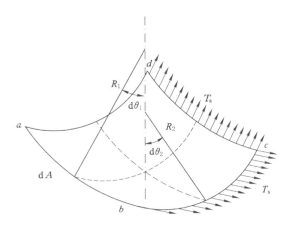

图 3-26 液-气弯曲界面微单元

液-气弯曲界面表面张力 T_s 沿法线方向的总张力合力为:

$$T = 2T_s \cdot ab \cdot \sin(\mathrm{d}\theta_1) + 2T_s \cdot bc \cdot \sin(\mathrm{d}\theta_2) \tag{3-8}$$

$$ab = 2R_2\mathrm{d}\theta_2 \tag{3-9}$$

$$bc = 2R_1\mathrm{d}\theta_1 \tag{3-10}$$

将式(3-9)、式(3-10)代入式(3-8)得:

$$T = 2T_s2R_2\mathrm{d}\theta_2\sin(\mathrm{d}\theta_1) + 2T_s2R_1\mathrm{d}\theta_1\sin(\mathrm{d}\theta_2) \tag{3-11}$$

当 $\mathrm{d}\theta \to 0$ 时,$\sin\theta \approx \mathrm{d}\theta$,所以式(3-11)可化为:

$$T = 4T_s(R_1 + R_2)\mathrm{d}\theta_1\mathrm{d}\theta_2 \tag{3-12}$$

液-气弯曲界面的切向分量会自平衡,但法线方向的分量 T 需要用界面内外压力差来平衡,即:

$$\Delta P = T \tag{3-13}$$

将式(3-7)和式(3-12)代入式(3-13),整理可得 Young-Laplace 方程:

$$(u_1 - u_2) = T_s \left(\frac{1}{R_1} + \frac{1}{R_2} \right) \tag{3-14}$$

3.4.5 毛细管模型及毛细水上升高度

为了定量分析毛细水的上升高度,首先需要了解土壤微观结构,并确定粒间孔隙的简化模型,进而通过简化孔隙模型中水柱重力和弯液面之间的力学平衡关系确定毛细水上升高度。

3.4.5.1 土的微观结构及简化模型

土体的微观结构对其宏观工程力学、变形及渗流特性等具有决定性影响。土的微观结构状态主要包括土颗粒形态、孔隙性、堆积方式及接触关系 4 个方面[43]。20 世纪 30 年代中后期,研究人员已经开始利用显微镜来研究土的微观结构,并逐渐形成了土的微形态学[44],随着近年来光学仪器和成像技术的不断发展,特别是数字图像技术在土微结构研究中的应用,土的微结构研究工作从定性分析逐渐向定量分析发展,通过研究服役环境下土体微结构的 4 个状态参数变化情况,建立相应的本构模型[45]。

图 3-27 给出了土壤的三种主要微观结构电镜扫描图[46-47]:片状结构[图 3-27(a)]、单粒结构[图 3-27(b)]和絮凝结构[图 3-27(c)]。为便于进行毛细水上升高度理论分析,将三种土的微观结构按如图 3-28 所示简化为两种几何模型,即将片状结构简化为片状颗粒[图 3-28(a)],将单粒结构和絮凝结构简化为等直径球形颗粒堆积体[图 3-28(b)]。

(a) 片状结构　　　　　　　(b) 单粒结构

图 3-27　土壤微观结构电镜扫描图[43]

（c）絮凝结构

图 3-27（续）

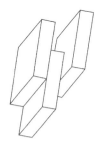 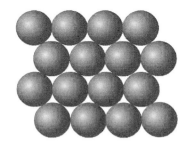

（a）片状颗粒 （b）球形颗粒

图 3-28 土壤微观结构简化几何模型

3.4.5.2 毛细水上升高度

（1）片状颗粒平行时的毛细水上升高度

当土壤的微观结构由片状结构组成，并且颗粒之间相互平行时，假定在竖直方向上相邻片状黏土颗粒相互对接，取直，则土颗粒间形成平行贯通毛细通道，其毛细模型如图 3-29 所示。

设土壤与水之间的接触角为 θ，片状颗粒水平方向长度为 l，颗粒间距为 d，则片状颗粒呈平行排列时毛细水上升高度（图 3-29）计算过程如下。

毛细液-气界面的两个正交主曲率半径分别为：

$$\begin{cases} R_1 = \dfrac{d}{2\cos\theta} \\ R_2 \to \infty \end{cases} \tag{3-15}$$

将式（3-15）代入 Young-Laplace 方程，即式（3-14），则毛细液-气弯曲界面内外压力差为：

$$\Delta u = u_1 - u_2 = \frac{2T_s \cos\theta}{d} \tag{3-16}$$

毛细液-气界面内外压力差 Δu 与毛细通道中的水重力平衡，即：

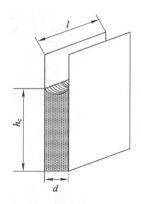

图 3-29　片状颗粒平行毛细模型

$$\Delta u = \rho_w g h_c \tag{3-17}$$

联合式(3-16)和式(3-17)求得毛细水上升高度为：

$$h_c = \frac{2T_s \cos\theta}{\rho_w g d} \tag{3-18}$$

式中：T_s 为界面表面张力，N；θ 为土水接触角，(°)；ρ_w 为液体（水）密度，kg/m³；g 为重力加速度，m/s²；d 为土体片状颗粒间距，cm。

（2）片状颗粒相交时的毛细水上升高度[48]

当片状颗粒之间有一侧共边相交，形成半封闭毛细通道时（图 3-30），假设片状颗粒长度为 l，粒间夹角为 α，则 Young-Laplace 方程中的两个弯曲界面的正交曲率半径分别为 $R_1 = l$，$R_2 = l\alpha$，毛细水上升高度为：

$$h_c = \frac{T_s \cos\theta}{\rho_w g l}\left(1 + \frac{1}{2\alpha}\right) \tag{3-19}$$

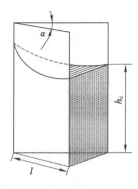

图 3-30　片状颗粒相交毛细模型[48]

（3）球形颗粒土壤中毛细水上升高度

假定球形或圆柱形颗粒彼此间连接且沿竖直方向整齐排列，并将粒间孔隙等效为圆柱形毛细管，毛细管等效直径为 d，通常取土的有效粒径 $d=d_{10}$。液-气弯液面按球形圆液面假设考虑，即 Young-Laplace 方程中弯曲界面的正交曲率半径分别为 $R_1=R_2=d/2$，则圆柱形毛细管模型中毛细水的上升高度为：

$$h_c = \frac{4T_s\cos\theta}{\rho_w gd} \tag{3-20}$$

由式（3-20）可知，毛细管的等效直径 d 与毛细水上升高度呈反比，因此，如何选取毛细管的等效直径 d 关系着毛细水上升高度计算的准确性。刘小平[49]认为在球形颗粒堆积体中，采用圆柱形毛细管模型分析毛细水上升高度时，毛细管等效直径 d 应按照毛细管壁与球形颗粒表面相切的原则确定，并给出了球形土颗粒在最松散和最密实两种堆积方式［图 3-31］下，毛细水上升高度随颗粒直径的变化范围，即：

$$\frac{9.76T_s\cos\theta}{\rho_w gD} \leqslant h_c \leqslant \frac{26.67T_s\cos\theta}{\rho_w gD} \tag{3-21}$$

式（3-21）中，D 为颗粒直径，通常取 $D=d_{10}$。

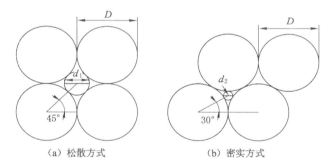

（a）松散方式　　　　　（b）密实方式

图 3-31　颗粒堆积平面图

（4）工程上常用的其他主要毛细水上升高度计算公式

① Mavis-Tsui（1939）经验公式：

$$h_c = \frac{2.2}{d_{10}}\left(\frac{1-n}{n}\right) \tag{3-22}$$

式中，n 为孔隙率。

② Polubarinova-Kochina（1952）经验公式[50]：

$$h_c = \frac{0.45}{d_{10}}\left(\frac{1-n}{n}\right) \tag{3-23}$$

③ 砂类土毛细水上升高度经验拟合公式：

$$h_c = 0.290 + 0.056\ 7w_m + 1.545\ 7(d_{10})^{-0.246} + 1.409(d_{cp})^{-0.198} \quad (3\text{-}24)$$

式中：d_{10} 为有效粒径，μm；d_{cp} 为平均粒径，μm；w_m 为最大分子含水率（粉细砂用吸水介质法测定，中粗砂等采用高柱法测定）。

④ 黏性土毛细水上升高度经验公式：

$$h_c = 0.590 + 0.048\ 5I_p + 1.696\ 3(d_{10})^{-0.323} + 2.293(d_{cp})^{-0.229} \quad (3\text{-}25)$$

式中：I_p 为塑性指数；d_{10} 为有效粒径，μm；d_{cp} 为平均粒径，μm。

⑤ 张忠胤教授给出的黏土毛细水上升高度计算公式[51]：

$$h_c = \frac{P_c}{1 + i_0} \quad (3\text{-}26)$$

式中：P_c 为以水柱表示的毛细压力，m；i_0 为黏土结合水发生运动时的初始水力梯度。

通常在进行粗粒土或砂土中毛细水上升高度的计算时，采用式（3-18）～式（3-24）能够得到较为准确的计算结果，而应用于黏性土时，其计算结果往往偏大。其原因是粗粒土或砂土中毛细孔隙较大，毛细水在上升过程中受到的颗粒表面结合水的黏滞阻力可以忽略不计，毛细吸力主要由毛细水重力平衡，与上升毛细管理论计算模型基本假定相符；而黏性土颗粒尺寸较小，毛细水在运移过程中受到的颗粒结合水黏滞阻力较大，黏性土毛细吸力的平衡力除毛细水自重外，还有黏滞阻力。为满足黏性土地区工程建设的需要，研究人员通过室内外试验建立黏土毛细水上升高度的经验拟合公式［式（3-25）］，张忠胤教授在黏土动力学研究的基础上，结合圆柱形毛细管模型，通过引入初始水力梯度 i_0 建立适用于黏土毛细水上升高度的计算模型。

3.4.6 基于异形毛细管模型的黏土毛细水上升高度分析

目前使用最多的毛细管模型仍然是圆柱形毛细管模型，即将土体中毛细水的上升通道等效为圆柱形毛细管，其直径 d 通常取土体有效粒径 d_{10}。在土体微观结构按球形颗粒简化几何模型考虑，且球形颗粒直径为 D 时，圆柱形毛细管模型存在的主要问题是毛细水过水断面与实际不符：① 若圆柱形毛细管壁与球形土颗粒表面相切，则圆柱形毛细管过水断面没有考虑毛细管壁与球形颗粒之间的空隙，即图 3-32(a)、(b)中的阴影部分，毛细管过水面积小于实际过水断面，计算得出的毛细水上升高度明显偏高。② 若圆柱形毛细管直径与球形土颗粒直径相等（$d = D$），则圆柱形毛细管过水断面与土颗粒之间存在较大重叠部分，即图 3-32(c)、(d)中的阴影部分，显然考虑的毛细管过水面积偏大，理论计算得出的毛细水上升高度偏小。

事实上，球形土颗粒在最松散和最密实两种堆积方式下，毛细水过水断面平

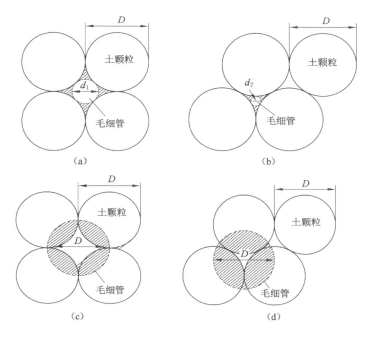

图 3-32 毛细管与土颗粒关系平面图

面图可视为由典型四尖瓣线和三尖瓣线所围成的面积,如图 3-33 所示。为此,为了获得更准确的毛细水上升高度计算结果,后文将根据球形颗粒在最松散和最密实两种堆积方式下的毛细水实际过水断面形状,建立毛细水过水断面形状分别为四尖瓣线和三尖瓣线的异形毛细管模型,借鉴张忠胤教授的毛细水理论计算公式,通过引入初始水力梯度 i_0,并考虑温度对水表面张力的影响,推导基于异形毛细管模型的毛细水上升高度计算公式。

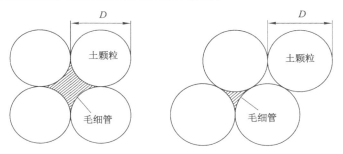

图 3-33 不同土颗粒堆积方式下毛细水过水断面平面图

3.4.6.1 毛细水过水断面面积和湿周长度

根据平面解析几何知识可知,四尖瓣线和三尖瓣线的外接圆直径与土颗粒直径 D 相等。为了准确计算毛细水过水断面的面积和湿周长度,建立如图 3-34 所示的直角坐标系,则四尖瓣线和三尖瓣线的参数方程分别为:

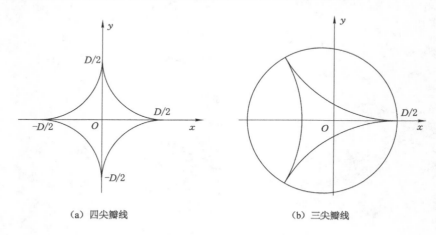

(a) 四尖瓣线   (b) 三尖瓣线

图 3-34 过水断面坐标系

四尖瓣线方程:

$$\begin{cases} x = \dfrac{D}{2} (\cos \theta)^3 \\ y = \dfrac{D}{2} (\sin \theta)^3 \end{cases} \quad 0 \leqslant \theta \leqslant 2\pi \tag{3-27}$$

三尖瓣线方程:

$$\begin{cases} x = \dfrac{D}{3}\cos \theta + \dfrac{D}{6}\cos(2\theta) \\ y = \dfrac{D}{3}\sin \theta - \dfrac{D}{6}\sin(2\theta) \end{cases} \quad 0 \leqslant \theta \leqslant 2\pi \tag{3-28}$$

四尖瓣线型毛细过水断面面积 A_{fou} 为:

$$dA = ydx = \frac{D}{2} (\sin \theta)^3 d\left[\frac{D}{2} (\cos \theta)^3 \right]$$

$$= -\frac{3D^2}{4} (\sin \theta)^4 (\cos \theta)^2 d\theta$$

$$= \frac{3D^2}{4} (\sin \theta)^4 [1 - (\sin \theta)^2] d\theta \tag{3-29}$$

$$A_{\text{fou}} = 4\int_0^1 ydx = 3D^2 \int_{\frac{\pi}{2}}^0 (\sin \theta)^4 [1 - (\sin \theta)^2] d\theta = \frac{3\pi}{32}D^2 \tag{3-30}$$

四尖瓣线型毛细过水断面湿周 S_{fou}：

$$dS = \sqrt{(dx)^2 + (dy)^2}$$

$$= \sqrt{\left[-\frac{3D}{2}(\cos\theta)^2\sin\theta\right]^2 + \left[\frac{3D}{2}(\sin\theta)^2\cos\theta\right]^2}d\theta$$

$$= \frac{3D}{2}\sin\theta\cos\theta d\theta \tag{3-31}$$

$$S_{fou} = 4\int_0^{\frac{\pi}{2}}\frac{3D}{2}\sin\theta\cos\theta d\theta = 3D \tag{3-32}$$

同理，可求得三尖瓣线型毛细过水断面面积 A_{thr} 和湿周 S_{thr} 分别为：

$$A_{thr} = \frac{\pi D^2}{18} \tag{3-33}$$

$$S_{thr} = \frac{8D}{18} \tag{3-34}$$

3.4.6.2 黏土初始水力梯度

黏土的粒径孔隙尺寸较小，极易被呈半结晶状态的结合水阻塞，使得毛细水在黏土中的运移较为困难，我国张忠胤教授认为只有当黏土实际水力梯度 i 大于其初始水力梯度 i_0 时，黏土中才会出现毛细水渗透。Kutilek[52] 在总结饱和黏土的渗流速度 v 与水力梯度 i 关系式时发现，对于密实度较高和颗粒表面活性较强的材料，往往存在初始水力梯度 i_0，但他将初始水力梯度 i_0 产生的原因归结为试验误差。尽管国内外关于黏土渗透中是否存在初始水力梯度仍没有形成统一意见，但将初始水力梯度引入黏土毛细水上升高度分析时能够得到相对符合工程实际的计算结果，因此，本书仍按照张忠胤教授的思路推导基于异形毛细管模型的黏土毛细水上升高度计算公式。

戴张俊等[53]通过渗透试验发现膨胀土的膨胀潜势越强，细颗粒含量越高，渗透系数越小。王飞[54]通过室内大型模型试验发现：当渗透系数为 $k'=5.67\times10^{-7}$ cm/s 时，密实黏土的起始水力梯度 i_0 为 6～8；当渗透系数为 $k'=6.07\times10^{-8}$ cm/s 时，密实黏土的起始水力梯度 i_0 为 12～16。根据其试验结果，黏土起始水力梯度 i_0 与渗透系数 k 的近似拟合关系为：

$$i_0 = -3.36\ln\left(\frac{k'}{10^{-7}}\right) + 20 \tag{3-35}$$

式中，k' 为黏土渗透系数，cm/s。

3.4.6.3 异型毛细管模型中毛细水上升高度

基本假定：

（1）异型毛细管模型中的毛细水渗流满足达西渗流定律；

（2）毛细管中的液-气弯液面仍满足圆液面假设。

粉土中微细颗粒含量较多，颗粒间孔隙尺寸过小，且极易被颗粒表面结合水堵塞，毛细水在上升过程中除受到重力和毛细力外，还受颗粒表面结合水黏滞阻力的影响，毛细水在渗透过程中为了克服这种黏滞阻力必然会产生水头损失，渗透路径 l 上为克服黏滞阻力而产生的水头损失 ΔH 即为初始水力梯度（$i_0 = \Delta H/l$）。则单位渗透途径上的黏滞阻力大小表示为：

$$f = i_0 \rho_w g A \tag{3-36}$$

假设黏滞阻力沿毛细水管壁均匀分布，则毛细水上升高度为 h_c 时受到的总黏滞阻力为：

$$F = i_0 \rho_w g A h_c \tag{3-37}$$

毛细水液-气弯曲界面法线方向的分量由毛细水总重力和总黏滞阻力共同平衡，则过水断面为四尖瓣线和三尖瓣线所围面积时，黏土毛细水液-气弯曲界面法线方向的平衡方程分别为：

$$h_{c,fou}(1 + i_0)\rho_w g A_{fou} = T_s S_{fou} \tag{3-38}$$

$$h_{c,thr}(1 + i_0)\rho_w g A_{thr} = T_s S_{thr} \tag{3-39}$$

将式（3-30）、式（3-32）及式（3-35）代入式（3-38），便可求得过水断面为四尖瓣线型时黏土毛细水上升高度为：

$$h_{c,fou} = \frac{32 T_s}{\left\{1 + \left[-3.36\ln\left(\dfrac{k'}{10^{-7}}\right) + 20\right]\right\}\rho_w g \pi D} \tag{3-40}$$

将式（3-33）、式（3-34）及式（3-35）代入式（3-39），便可求得过水断面为三尖瓣线型时黏土毛细水上升高度为：

$$h_{c,thr} = \frac{48 T_s}{\left\{1 + \left[-3.36\ln\left(\dfrac{k'}{10^{-7}}\right) + 20\right]\right\}\rho_w g \pi D} \tag{3-41}$$

水的表面张力大小与毛细水的上升高度成正比，而且与水的温度有关。王竹溪[55]从热力学角度给出了水的表面张力 T_s（N/m）与摄氏温度 t（℃）之间的关系式：

$$T_s = 0.075\,680 - 1.38 \times 10^{-4} t - 3.56 \times 10^{-9} t^2 + 4.7 \times 10^{-10} t^3 \tag{3-42}$$

式（3-42）中后两项对计算结果影响较小，舍去，整理后得：

$$T_s = 0.075\,680 - 1.38 \times 10^{-4} t \tag{3-43}$$

将式（3-43）分别代入式（3-40）和（3-41），可得到考虑温度影响的毛细水上升高度。

（1）过水断面为四尖瓣线型毛细模型：

$$h_{c,\mathrm{fou}} = \frac{32 \times (0.075\ 680 - 1.38 \times 10^{-4} t)}{\left\{1 + \left[-3.36\ln\left(\dfrac{k'}{10^{-7}}\right) + 20\right]\right\} \rho_{\mathrm{w}} g \pi D} \tag{3-44}$$

（2）过水断面为三尖瓣线型毛细模型：

$$h_{c,\mathrm{thr}} = \frac{48 \times (0.075\ 680 - 1.38 \times 10^{-4} t)}{\left\{1 + \left[-3.36\ln\left(\dfrac{k'}{10^{-7}}\right) + 20\right]\right\} \rho_{\mathrm{w}} g \pi D} \tag{3-45}$$

综上所述，在土壤微观颗粒按球形颗粒简化几何模型考虑时，根据不同的颗粒堆积防水，毛细水的上升高度变化范围为：

$$\frac{32 \times (0.075\ 680 - 1.38 \times 10^{-4} t)}{\left\{1 + \left[-3.36\ln\left(\dfrac{k'}{10^{-7}}\right) + 20\right]\right\} \rho_{\mathrm{w}} g \pi D} \leqslant h_{c,\mathrm{thr}} \leqslant \frac{48 \times (0.075\ 680 - 1.38 \times 10^{-4} t)}{\left\{1 + \left[-3.36\ln\left(\dfrac{k'}{10^{-7}}\right) + 20\right]\right\} \rho_{\mathrm{w}} g \pi D} \tag{3-46}$$

假设 $\rho_{\mathrm{w}} = 1.0 \times 10^3$ kg/m³，$g = 9.8$ m/s²，$t = 25$ ℃，代入式（3-46）得：

$$\frac{0.75}{\left\{1 + \left[-3.36\ln\left(\dfrac{k'}{10^{-7}}\right) + 20\right]\right\} D} \leqslant h_c(\mathrm{cm}) \leqslant \frac{1.23}{\left\{1 + \left[-3.36\ln\left(\dfrac{k'}{10^{-7}}\right) + 20\right]\right\} D} \tag{3-47}$$

本章参考文献

[1] SKEMPTON A W. Long-term stability of clay slopes[J]. Géotechnique, 1964, 14(2): 77-102.

[2] 许建聪, 尚岳全. 碎石土古滑坡稳定性分析[J]. 岩石力学与工程学报, 2007, 26(1): 57-65.

[3] 张昆, 郭菊彬. 滑带土残余强度参数试验研究[J]. 铁道工程学报, 2007, 24(8): 13-15.

[4] 李妥德, 张颖均. 国内外滑坡土残余强度的研究现状(滑坡文集(二)[M]. 北京: 中国铁道出版社, 1979.

[5] 沈强, 陈从新, 汪稔. 云南玄武岩滑坡滑动面力学参数分析[J]. 岩土力学, 2006, 27(12): 2309-2313.

[6] 宜保清一. 残留係数を導入した安定解析法－沖縄島尻層群泥岩地すべりへの適用－[J]. 地すべり, 1996, 33(2): 46-50.

[7] 刘梦琴, 陈勇. 基于直剪试验的滑带土强度再生特征研究[J]. 人民长江, 2018, 49(18): 92-96.

[8] GIBO S, EGASHIRA K, OHTSUBO M, et al. Strength recovery from residual state in reactivated landslides[J]. Géotechnique, 2002, 52(9): 683-686.

[9] 陈传胜, 张建敏, 文仕知. 基于有效垂直应力水平的滑带土强度参数适用性研究[J]. 岩石力学与工程学报, 2011, 30(8): 1705-1711.

[10] DUNCAN J M,CHANG C Y. Nonlinear analysis of stress and strain in soils[J]. Journal of the soil mechanics and foundations division,1970,96(5):1629-1653.

[11] GITAU A N, GUMBE L O, BIAMAH E K. Influence of soil water on stress-strain behaviour of a compacting soil in semi-arid Kenya[J]. Soil and tillage research,2006,89 (2):144-154.

[12] 黄文熙.土的弹塑性应力-应变模型理论[J].岩土力学,1979(1):1-20.

[13] 王水林,王威,吴振君.岩土材料峰值后区强度参数演化与应力-应变曲线关系研究[J]. 岩石力学与工程学报,2010,29(8):1524-1529.

[14] 沈珠江.岩土破损力学:理想脆弹塑性模型[J].岩土工程学报,2003,25(3):253-257.

[15] HAJIABDOLMAJID V,KAISER P K,MARTIN C D. Modelling brittle failure of rock [J]. International journal of rock mechanics and mining sciences,2002,39(6):731-741.

[16] DIEDERICHS M S. The 2003 Canadiangeotechnical colloquium:mechanistic interpretation and practical application of damage and spalling prediction criteria for deep tunnelling[J]. Canadian geotechnical journal,2007,44(9):1082-1116.

[17] MARTIN C D. Seventeenth Canadian Geotechnical Colloquium:the effect of cohesion loss and stress path on brittle rock strength[J]. Canadian geotechnical journal,1997,34(5): 698-725.

[18] 郑立宁,康景文,谢强,等.含应变软化本构关系的岩-土接触元直剪试验数值模拟[J].岩 土力学,2014,35(增刊2):613-618.

[19] 蔡亮.低液限粉土路基施工技术分析[J].公路交通科技(应用技术版),2020,16(4): 63-65.

[20] 中村真也,宜保清一,周亚明.地すべり土の残留強度包絡線の湾曲化と強度定数決定 手法[J].地すべり,1999,36(1):28-34.

[21] 蒋明镜,王富周,朱合华.单粒组密砂剪切带的直剪试验离散元数值分析[J].岩土力学, 2010,31(1):253-257,298.

[22] 张海明,姚爱军,王兆辉,等.非饱和粉土力学特性的大型直剪试验[J].辽宁工程技术大 学学报(自然科学版),2014,33(10):1352-1356.

[23] BHAT D R, YATABE R, BHANDARY N P. Study of preexisting shear surfaces of reactivated landslides from a strength recovery perspective[J]. Journal of Asian earth sciences,2013,77:243-253.

[24] 李博,胡斌,张勇,等.基于大型剪切试验的西藏某露天矿高原碎石土力学特性研究[J]. 工程勘察,2012,40(7):14-18.

[25] 张燕明,刘怡林,李小旋.基于统计分析的粉土区域变化规律及其物理力学性质研究 [J].公路交通科技,2018,35(5):24-33.

[26] 任华平,刘希重,宣明敏,等.循环荷载作用下击实粉土累积塑性变形研究[J].岩土力 学,2021,42(4):1045-1055.

[27] 蒋佳莉,张卫兵,王红雨.干湿循环作用下银川地区重塑粉质黏土强度劣化试验研究

[J].公路交通科技,2020,37(5):33-42.

[28] 黄琨,万军伟,陈刚,等.非饱和土的抗剪强度与含水率关系的试验研究[J].岩土力学,2012,33(9):2600-2604.

[29] 霍海峰.循环荷载作用下饱和黏土的力学性质研究[D].天津:天津大学,2012.

[30] 朱志铎,刘松玉,邵光辉,等.粉土及其稳定土的三轴试验研究[J].岩土力学,2005,26(12):1967-1971.

[31] 陈伟,张吾渝,马艳霞,等.压实黄土强度的三轴试验研究[J].地震工程学报,2014,36(2):239-242.

[32] KONRAD J M,LEBEAU M. Capillary-based effective stress formulation for predicting shear strength of unsaturated soils[J]. Canadian geotechnical journal,2015,52(12):2067-2076.

[33] 吴瑞潜,张少龙,李少和,等.剪切速率对重塑粉土抗剪强度特性的影响[J].绍兴文理学院学报,2021,41(2):16-21.

[34] 赵丽敏,袁玉卿,李伟,等.黄泛区粉砂土静力特性的试验研究[J].科学技术与工程,2014,14(15):254-257.

[35] 徐肖峰,魏厚振,孟庆山,等.直剪剪切速率对粗粒土强度与变形特性的影响[J].岩土工程学报,2013,35(4):728-733.

[36] 刘洋,于鹏强,张铎,等.一个基于微观力学分析的散粒体应力-剪胀关系[J].岩土工程学报,2021,43(10):1816-1824.

[37] 莫颜保.制样方法对砂土试样初始各向异性及 CD 试验全过程变形的影响研究[D].大连:大连理工大学,2017.

[38] 马东梅,梁鸿,高明星.砂-粘土抗剪强度的三轴试验研究[J].黑龙江交通科技,2016,39(1):1-4.

[39] 唐建民,王康,韩煜.路基粉土压实特性及其力学效应试验研究[J].土工基础,2010,24(3):74-76,83.

[40] 高世桥,刘海鹏.毛细力学[M].北京:科学出版社,2010.

[41] LI X,ZHANG L M,FREDLUND D G.Wetting front advancing column test for measuring unsaturated hydraulic conductivity[J]. Canadian geotechnical journal,2009,46(12):1431-1445.

[42] 高大钊,袁聚云.土质学与土力学[M].3版.北京:人民交通出版社,2001.

[43] 孔令荣,黄宏伟,HICHER P Y,等.上海淤泥质黏土微结构特性及固结过程中的结构变化研究[J].岩土力学,2008,29(12):3287-3292.

[44] 王慧妮,倪万魁.基于计算机 X 射线断层术与扫描电镜图像的黄土微结构定量分析[J].岩土力学,2012,33(1):243-247,254.

[45] 王伟,冯小平,邹昀,等.黏性土力学强度与微结构动态环境能场内在关联分析[J].岩土力学,2006,27(12):2219-2224.

[46] 柴肇云,康天合,李义宝.物化型软岩微结构单元特征及其胀缩性研究[J].岩石力学与

工程学报,2006,25(6):1265-1269.

[47] 李顺群,冯望,王英红.一种微结构颗粒体分布特征的分析方法[J].岩土力学,2013,34(3):731-736.

[48] 李顺群.非饱和土的吸力与强度理论研究及其试验验证[D].大连:大连理工大学,2006.

[49] 刘小平.非饱和土路基水作用机理及其迁移特性研究[D].长沙:湖南大学,2008.

[50] 贝尔.多孔介质流体动力学[M].李竞生,陈崇希,译.北京:中国建筑工业出版社,1983.

[51] 张建国,赵惠君.地下水毛细上升高度及确定[J].地下水,1988(3):135-139.

[52] KUTILEK M. Non-darcian flow of water in soils-laminar region:a review[J]. Developments in soil science,1972,2:327-340.

[53] 戴张俊,陈善雄,罗红明,等.非饱和膨胀土/岩持水与渗透特性试验研究[J].岩土力学,2013,34(增刊1):134-141.

[54] 王飞.隧道不透水层确定方法模型试验研究[D].成都:西南交通大学,2006.

[55] 王竹溪.热力学[M].2版.北京:人民教育出版社,1960.

4 粉土抗剪强度随湿-干循环演化规律

受雨旱交替及地下水位变化影响,铁路路基在长期服役过程中,边坡以及本体浅表层土体湿度呈现出周期性变化趋势,承受着湿-干循环作用,且其湿-干循环幅度、周期等与坡面防护措施、土体埋深等有关。湿-干循环作用下土体的力学行为演化规律极为复杂,已经成为国内外学者们关注的热点研究方向之一。抗剪强度作为反映土体抵抗剪切破坏极限能力的重要指标之一,同时也是边坡稳定性分析中极为重要的参数。为此,开展湿-干循环作用下不同压实系数粉土抗剪强度演化规律研究,可以为我国粉土区域公(铁)路工程建设提供重要的试验数据及理论支撑。

4.1 试验方案

4.1.1 湿-干循环试验方案

为了较好地控制路基的压实质量,在铁路路基施工过程中,土体含水率一般采用最优含水率。铁路路基多在旱季进行填筑,在雨季来临前结束施工,土体先增湿后脱水。因此,为了模拟土体真实的湿-干循环过程,采用先湿后干的循环路径。

结合第 3 章毛细水上升稳定后不同高度处粉土湿度波动幅度、徐州工程水文地质勘探资料,湿-干循环幅度取±5%,一个湿-干周期内土体含水率的变化过程为 9.3%→14.3%→4.3%→9.3%(图 4-1)。《普速铁路线路修理规则》中规定铁路路基大修年限为 10,故粉土试样承受的湿-干循环次数最多10 次。

4.1.2 试验仪器与步骤

试验仪器主要有:GJY-Ⅱ电动等应变控制直剪仪及环刀、环刀制样器、天平、环刀、液压千斤顶、反力架、胶头滴管等。试验主要步骤如下。

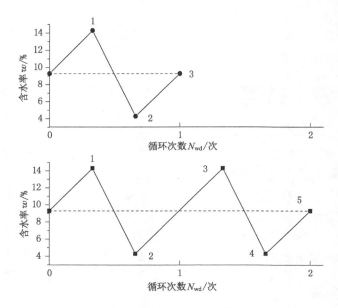

图 4-1　粉土湿-干循环示意图

4.1.2.1　直剪试样制备

根据《铁路工程土工试验规程》(TB 10102—2010)取代表性风干土样碾碎过 2 mm 标准筛。利用式(4-1)计算制备目标含水率试样所需水质量,利用喷壶加水并充分拌匀,密封 24 h,使土样含水率分布均匀。然后按式(4-2)计算所需湿土质量。

$$m_{\mathrm{w}} = \frac{m_0}{1+w_0}(w' - w_0) \tag{4-1}$$

式中:m_{w} 为加水量,g;m_0 为烘干后试样质量,g;w_0 为烘干后试样含水率,%;w' 为目标含水率,%。

$$m = (1 + 0.01w_0)k\rho_{\mathrm{dmax}}V \tag{4-2}$$

式中:m 为所需湿土质量,g;w_0 为试样初始含水率,%;k 为试样压实系数;ρ_{dmax} 为最大干密度,g/cm³;V 为试样的体积,cm³。

4.1.2.2　试样湿-干过程

试样增湿时土样所需加水量通过式(4-1)计算获得,增湿及脱水过程具体步骤如下:

(1)增湿过程:在制备好的试样上表面和下表面放置滤纸,用胶头滴管在试样上表面缓慢加水增湿至所需质量后,用保鲜膜包裹,静置 24 h 以保证水分均匀浸透土样,此时增湿过程结束,如图 4-2 所示。

图 4-2　土样增湿

（2）干燥过程:将静置 24 h 后增湿试样放入托盘并置于电热鼓风干燥箱内,设定温度为 70～75 ℃,动态称量土样质量以控制含水率变化,待土样质量达到预定干燥质量后,用保鲜膜包裹静置 24 h 使土体内水分平衡,如图 4-3 所示。

图 4-3　土样烘干

（3）依据第（1）步将试样加湿至初始含水率,静置 24 h,完成 1 次湿-干循环。

（4）依据上述步骤完成 2 次、3 次、4 次、5 次、7 次、9 次、10 次粉土湿-干循环试样制备。

4.1.2.3　直剪试验

粉土直剪试验在中国矿业大学力学与土木工程学院 GJY-Ⅱ电动等应变控制直剪仪（图 4-4）上进行,具体步骤如下。

（1）试样安装:首先将制备好的试样对准剪切容器的上下盒,插入固定销,在下盒内放入透水石及滤纸,将带有试样的环刀刃口向上,对准剪切盒口,然后在试样上面放置滤纸、透水石及传压板,接着将试样缓缓推入剪切盒内,再移去环刀。转动传动装置,使上盒的前端钢珠刚好与测力计接触,调整测力计读数

图 4-4　GJY-Ⅱ电动等应变控制直剪仪

为零。

（2）试样剪切：通过砝码对土样施加 50 kPa、100 kPa、150 kPa、200 kPa 的竖向压力。施加竖向压力后，拔去固定销，将测力计调零后调整装置后部开关为慢速，以 0.8 mm/min 的剪切速率对试样进行剪切。当测力计的读数不变或出现后退时，表明试样已发生剪切破坏，试样每产生 0.2 mm 位移时，记测力计和位移读数一次，直到剪切位移达到 12 mm。

（3）剪切结束：取下剪切盒，观察并记录湿-干循环后的土样破坏界面，将剪切破坏后的土样取出并包装好。

4.2　粉土应力-应变曲线随湿-干循环次数的变化规律

依据《铁路工程土工试验规程》（TB 10102—2010）第 16.2 节的规定记录位移计数据，土体剪应力由式（4-3）进行计算。

$$\tau = R_N C_N \qquad\qquad (4\text{-}3)$$

式中：τ 为竖向压力作用下剪切位移对应的剪应力，kPa；R_N 为测力计读数，为 0.01 mm；C_N 为测力计的钢环系数，取值为 0.24 kPa/0.01 mm。

图 4-5 所示为不同湿-干循环次数、压实系数粉土剪应力-剪切位移曲线，由图可知：随着粉土剪切位移的增加，剪应力先线性增加后急剧衰减，剪应力-剪切位移曲线总体呈应变软化型；相同压实系数粉土剪应力峰值及其所对应的剪切位移随着法向应力的增加而增大，随着湿-干循环次数的增加呈现出波动变化发展趋势。

法向应力较低时（$\sigma = 50$ kPa、100 kPa），不同压实系数粉土的剪应力-剪切

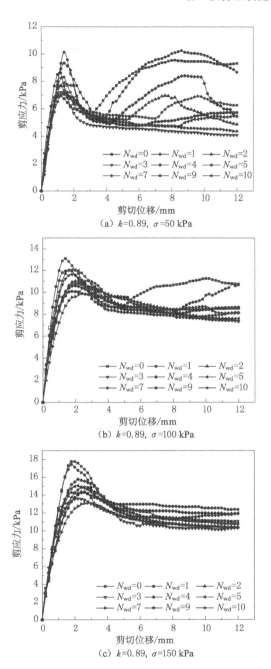

（a）k=0.89, σ=50 kPa

（b）k=0.89, σ=100 kPa

（c）k=0.89, σ=150 kPa

图 4-5 不同湿-干循环次数及压实系数粉土剪应力-剪切位移关系

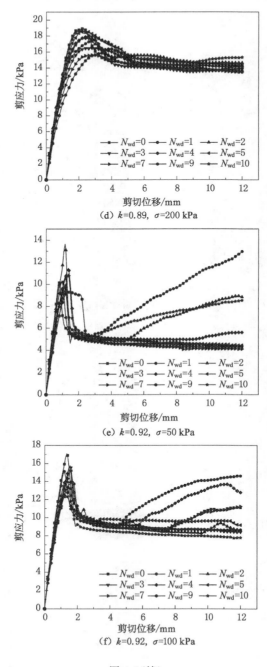

（d）$k=0.89$，$\sigma=200$ kPa

（e）$k=0.92$，$\sigma=50$ kPa

（f）$k=0.92$，$\sigma=100$ kPa

图 4-5（续）

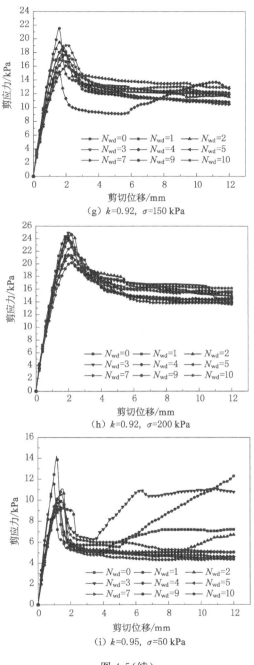

（g）k=0.92，σ=150 kPa

（h）k=0.92，σ=200 kPa

（i）k=0.95，σ=50 kPa

图 4-5（续）

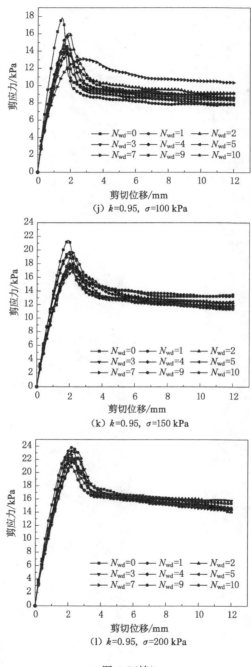

（j）$k=0.95$，$\sigma=100$ kPa

（k）$k=0.95$，$\sigma=150$ kPa

（l）$k=0.95$，$\sigma=200$ kPa

图 4-5（续）

位移曲线在剪切后期出现,峰值剪应力衰减至残余剪应力后随着剪切位移的增加再次增强,但随着压实系数、法向应力的提高和湿-干循环次数的增加,"二次硬化"现象逐渐减弱,剪应力-剪切位移曲线也趋于"平坦",其中 $\sigma = 100$ kPa、$k = 0.95$ 试验组并未出现"二次硬化"现象。

法向应力较高时($\sigma = 150$ kPa、200 kPa),粉土剪应力-剪切位移曲线末端比较平缓,绝大多数试验组并未出现"二次硬化"现象,曲线为典型的应变软化型,相同法向应力与湿-干循环次数条件下,剪应力峰值随粉土压实系数的增大而增大。随着压实系数、法向应力的提高"二次硬化"现象消失的原因为:粉土压实系数、法向应力提高,结构逐渐密实,颗粒间的嵌挤力、咬合力增大,剪切破坏面比较平整、致密,颗粒难以重新回弹,颗粒重新排列后趋于稳定,残余剪应力不会随着剪切位移的增加再次增强;随湿-干循环次数的增多,粉土试样微裂隙贯通形成的裂纹导致其内部结构严重破坏,致使"二次硬化"现象逐渐减弱甚至消失。

4.3　粉土抗剪强度及其指标随湿-干循环次数的变化规律

4.3.1　粉土抗剪强度变化规律

依据《铁路工程土工试验规程》(TB 10102—2010)第 16.2.3 条的规定,抗剪强度为剪应力-剪切位移曲线上剪应力峰值。不同压实系数粉土抗剪强度随湿-干循环次数的演化规律如图 4-6 所示。

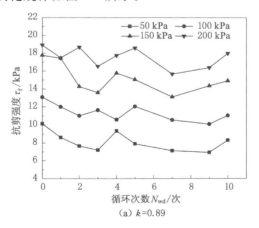

图 4-6　不同压系数粉土抗剪强度随湿-干循环次数的演化规律

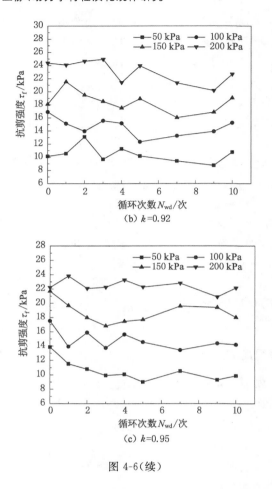

图 4-6（续）

为了便于比较出不同压实系数下抗剪强度及其指标随湿-干循环次数的衰减幅度，引入衰减幅度 η：

$$\eta = \left(\frac{A_0 - A_n}{A_n}\right) \times 100\% \tag{4-4}$$

式中：η 为衰减幅度；A_0 可以为粉土初始抗剪强度、初始黏聚力及初始内摩擦角；A_n 可以为第 n 次湿-干循环后的抗剪强度、黏聚力及内摩擦角。

不同湿-干循环次数、压实系数粉土抗剪强度衰减幅度如表 4-1～表 4-3 所示，分析图 4-6 和表 4-1～表 4-3 可知：首次湿-干循环后，低压实系数（$k=0.89$）粉土在各法向应力下抗剪强度均发生了不同程度衰减，其中较低法向应力下（$\sigma=50\ \mathrm{kPa}$、$100\ \mathrm{kPa}$）的衰减幅度较大；中、高压实系数（$k=0.92$、0.95）粉土首次湿-干循环后,在不同法向应力下抗剪强度表现出衰减或增强的特点,其中高压实系数粉土衰减幅度最大。

表 4-1　粉土抗剪强度衰减幅度($k=0.89$)　　　　单位:%

法向应力 /kPa	湿-干循环次数/次								
	0	1	2	3	4	5	7	9	10
50	0	14.9	24.4	28.9	7.8	22.0	29.6	31.5	18.0
100	0	8.3	15.8	11.0	19.1	7.9	19.4	22.9	15.6
150	0	1.9	19.6	23.5	11.2	15.3	26.2	19.2	16.1
200	0	7.6	1.3	12.7	6.2	1.8	17.3	13.5	4.9

表 4-2　粉土抗剪强度衰减幅度($k=0.92$)　　　　单位:%

法向应力 /kPa	湿-干循环次数/次								
	0	1	2	3	4	5	7	9	10
50	0	−4.0	−29.4	4.5	−11.1	−0.5	7.1	13.5	−6.2
100	0	10.5	17.3	8.0	10.2	27.0	21.6	17.6	9.8
150	0	−19.1	−7.8	−2.3	3.2	−4.6	11.3	6.8	−5.3
200	0	1.2	−1.2	−2.4	12.1	1.7	12.4	17.2	6.9

表 4-3　粉土抗剪强度衰减幅度($k=0.92$)　　　　单位:%

法向应力 /kPa	湿-干循环次数/次								
	0	1	2	3	4	5	7	9	10
50	0	16.8	22	28.4	27.2	35.0	24.1	32.9	28.9
100	0	20.5	9.3	21.6	10.8	17.0	23.4	18.1	19.2
150	0	9.3	17.2	22.6	19.6	18.5	9.6	10.5	17.0
200	0	−7.1	0.6	−0.1	−4.6	−0.2	−2.6	6.0	0.4

（1）低密实状态($k=0.89$)粉土抗剪强度在 $1\sim3$ 次湿-干循环后衰减明显,此后抗剪强度随湿-干循环次数的增加呈现波动性衰减发展趋势。在 $7\sim9$ 次

湿-干循环过程中,粉土抗剪强度降至最低,随法向应力的增加衰减幅度依次为 31.5%(σ＝50 kPa)、22.9%(σ＝100 kPa)、26.2%(σ＝150 kPa)、17.3%(σ＝200 kPa),10 次湿-干循环后粉土抗剪强度分别衰减为 8.30 kPa、11.04 kPa、14.90 kPa、17.98 kPa。

（2）中等密实状态(k＝0.92)粉土抗剪强度在湿-干循环前期有增长趋势（除 σ＝100 kPa 试验组），最大增长幅度达到了 29.3%,但随着湿-干循环次数的增加粉土抗剪强度表现为逐渐向衰减趋势过渡,10 次湿-干循环后抗剪强度依次为10.75 kPa、15.24 kPa、19.03 kPa、22.68 kPa,相比低密实状态(k＝0.89)粉土抗剪强度明显提高,在法向应力 σ＝50 kPa、150 kPa 时,粉土抗剪强度随着湿-干循环次数的增加总体小幅度增强。

（3）高密实状态(k＝0.95)粉土抗剪强度随着湿-干循环次数的增加,整体呈波动性衰减,强度最大衰减率分别为 35.0%(σ＝50 kPa)、23.4%(σ＝100 kPa)、22.6%(σ＝150 kPa)、6.0%(σ＝200 kPa),随着法向应力增加抗剪强度衰减幅度逐渐减小。10 次湿-干循环后抗剪强度分别衰减至 9.84 kPa、14.16 kPa、18.00 kPa、22.13 kPa,较中等密实状态有所下降。

综上所述,适当提高粉土的压实系数和法向应力能够有效提升其抗剪强度、降低粉土强度随湿-干循环作用的劣化程度。当压实系数过大时,粉土抗剪强度并未出现明显的增大现象,且随湿-干循环次数的增多其劣化程度增大。

4.3.2 湿-干循环作用下粉土黏聚力及内摩擦角变化规律

黏聚力和内摩擦角是表征土体抗剪强度的重要指标。同时也是进行边坡稳定性分析及设计的重要参数,其与抗剪强度、法向应力的关系符合式(4-5):

$$\tau_f = c + \sigma \tan \varphi \qquad (4-5)$$

式中:τ_f 为抗剪强度,kPa;c 为土体的黏聚力,kPa;σ 为抗剪强度对应的法向应力,kPa;φ 为内摩擦角,(°)。

将库仑公式表示在 τ_f-σ 坐标平面中,剪切面的法向应力为横坐标,法向应力所对应的土体抗剪强度为纵坐标,其中抗剪强度线在坐标平面内的倾角为内摩擦角,其与土颗粒之间的滑动摩擦和咬合作用产生的摩阻力有关;抗剪强度线的截距为黏聚力,其与胶结作用和各种物理-化学键力作用有关。由于式(4-5)是线性函数,因此可以对 τ_f-σ 坐标平面内的法向应力和抗剪强度线性拟合,方便地得到内摩擦角和黏聚力这两个土体强度特性重要参数,在工程实践中运用广泛,具有简单直观、计算方便的特点。抗剪强度拟合结果如图 4-7 及表 4-4 所示:

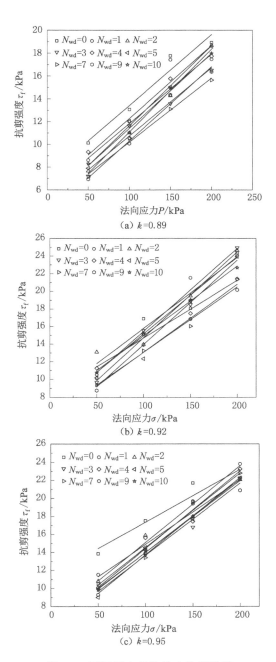

图 4-7　不同压实系数粉土抗剪强度

表 4-4   黏聚力及内摩擦角

压实系数	湿-干循环次数/次	抗剪强度/kPa				黏聚力/kPa	斜率	内摩擦角/(°)	R^2
		$\sigma=50$ kPa	$\sigma=100$ kPa	$\sigma=150$ kPa	$\sigma=200$ kPa				
$k=0.89$	0	10.13	13.08	17.76	18.91	7.212	0.062 1	3.55	0.956 4
	1	8.62	12.00	17.42	17.47	5.880	0.064 0	3.66	0.902 4
	2	7.66	11.02	14.28	18.67	3.828	0.072 6	4.15	0.994 9
	3	7.20	11.64	13.58	16.51	4.764	0.059 8	3.42	0.974 3
	4	9.34	10.58	15.77	17.74	5.760	0.060 8	3.48	0.945 0
	5	7.90	12.05	15.05	18.58	4.632	0.070 1	4.01	0.996 1
	7	7.13	10.54	13.10	15.65	4.572	0.056 3	3.22	0.994 5
	9	6.94	10.08	14.35	16.37	3.792	0.065 1	3.72	0.983 5
	10	8.30	11.04	14.90	17.98	4.836	0.065 8	3.76	0.996 1
$k=0.92$	0	10.13	16.90	18.08	24.36	6.396	0.088 0	5.018	0.943 6
	1	12.96	15.12	21.53	24.07	6.060	0.094 0	5.370	0.959 6
	2	13.10	13.97	19.49	24.65	7.764	0.080 0	4.591	0.932 1
	3	9.67	15.55	18.50	24.94	4.980	0.098 0	5.569	0.982 4
	4	11.26	15.17	17.50	21.41	8.136	0.066 0	5.472	0.990 7
	5	10.18	12.34	18.91	23.95	4.368	0.096 0	5.472	0.967 6
	7	9.41	13.25	16.03	21.34	5.364	0.077 0	4.409	0.984 4
	9	8.76	13.92	16.85	20.16	5.640	0.074 0	4.249	0.982 9
	10	10.75	15.24	19.03	22.68	7.032	0.073 0	4.187	0.997 6
$k=0.95$	0	10.13	16.90	18.08	24.36	11.496	0.059 0	3.35	0.927 9
	1	12.96	15.12	21.53	24.07	6.576	0.085 0	4.87	0.978 5
	2	13.10	13.97	19.49	24.65	7.704	0.072 0	4.11	0.977 3
	3	9.67	15.55	18.50	24.94	5.652	0.080 0	4.59	0.985 9
	4	11.26	15.17	17.50	21.41	6.264	0.083 0	4.73	0.966 3
	5	10.18	12.34	18.91	23.95	5.136	0.086 0	4.91	0.989 6
	7	9.41	13.25	16.03	21.34	5.820	0.086 0	4.92	0.978 9
	9	8.76	13.92	16.85	20.16	6.024	0.080 0	4.56	0.953 3
	10	10.75	15.24	19.03	22.68	5.856	0.081 0	4.65	0.999 5

4.3.2.1 粉土黏聚力随湿-干循环次数演化规律

对表 4-4 进行整理,获得了不同压实系数粉土黏聚力随湿-干循环次数变化规律(图 4-8)。由图 4-8 可知:高密实状态($k=0.95$)粉土黏聚力随湿-干循环次数的整体衰减规律符合指数函数式(4-3),低、中等密实状态($k=0.89$、0.92)粉土黏聚力随湿-干循环次数的增加波动性较大,其波动范围如图 4-8(a)、(b)所示。

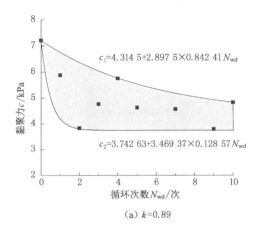

(a) $k=0.89$

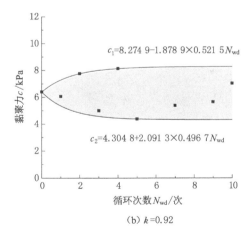

(b) $k=0.92$

图 4-8　不同压实系数粉土黏聚力随湿-干循环次数变化规律

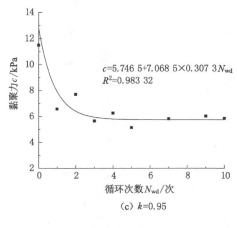

(c) $k=0.95$

图 4-8(续)

粉土的黏聚力与湿-干循环次数的指数关系符合如下拟合公式：

$$c = A_f - B_f C_f^{N_{wd}} \tag{4-6}$$

式中：c 为粉土的黏聚力，kPa；A_f、B_f、C_f 为直剪试验拟合得到的参数；N_{wd} 为湿-干循环次数，次。

同一压实系数粉土黏聚力在首次湿-干循环后均表现出明显的衰减，衰减幅度分别为 18.47%（$k=0.89$）、5.25%（$k=0.92$）、42.8%（$k=0.95$）。低、高密实状态粉土的黏聚力在前 1~2 次湿-干循环过程中大幅衰减，其中高密实状态粉土黏聚力波动性较小，呈显著的指数型衰减规律。而中等密实状态粉土黏聚力在湿-干循环过程中具有较大的波动性，在湿-干循环过程中粉土黏聚力甚至呈现出增长趋势，增长幅度最高为 27.2%。

4.3.2.2　粉土内摩擦角随湿-干循环次数演化规律

不同压实系数粉土内摩擦角随湿-干循环次数变化规律如图 4-9 所示。同一压实系数粉土试样在首次湿-干循环后内摩擦角均呈现增长趋势，增长幅度分别为 3.05%（$k=0.89$）、7.02%（$k=0.92$）、45.2%（$k=0.95$）。其中低、高密实状态粉土内摩擦角随着湿-干循环次数的增加整体呈增大的变化规律。中等密实状态粉土内摩擦角在一定范围内呈现出波动衰减趋势。

综上所述，湿-干循环作用下粉土内摩擦角变化幅度较小，波动范围均在 2° 以内，粉土抗剪强度的劣化主要取决于黏聚力的改变。

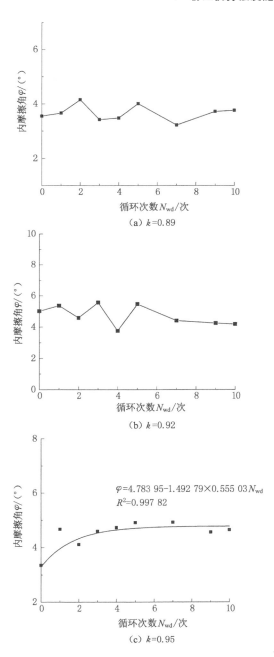

（a）$k=0.89$

（b）$k=0.92$

$\varphi=4.783\ 95-1.492\ 79\times0.555\ 03N_{wd}$

$R^2=0.997\ 82$

（c）$k=0.95$

图 4-9　不同压实系数粉土内摩擦角随湿-干循环次数的变化规律

4.4 湿-干循环作用下粉土抗剪强度指标衰减内因分析

观察粉土表面裂隙（孔隙）分布，发现裂隙（孔隙）的增长主要发生在湿-干循环前期，如图 4-10 所示。

$k=0.89$　　　　　　　$k=0.92$　　　　　　　$k=0.95$

（a）湿-干循环前期

$k=0.89$　　　　　　　$k=0.92$　　　　　　（c）$k=0.95$

（b）湿-干循环后期

图 4-10　湿-干循环作用下粉土裂隙分布

4.4.1 不同密实状态粉土黏聚力衰减机理分析

高密实状态下，土体颗粒十分密实，距离较近，颗粒间的相互作用使得初始黏聚力较大，由于干燥过程中水分渗透所需的孔隙或通道较少，土样表里间形成较大的含水率差，土体内聚集团粒增多，导致土体内出现不均匀的收缩变形而产生较大的收缩拉应力，当拉应力超过抗拉强度时就会产生裂隙，这一现象在高密实状态下表现得更为显著——部分直剪试样表面甚至出现了鼓胀开裂。在随后的加湿过程中，裂隙会吸收水分并逐步加大加深，最终导致土体结构性和整体性进一步降低，所以在前几次湿-干循环后，高密实状态粉土的黏聚力衰减幅度最大，虽然衰减幅度大，但是黏聚力仍比低密实状态的大得多，因此在工程上提高路基压实系数,是能够有效提高其强度的。在湿-干循环后期,裂隙发展稳定后,黏聚力开始变化平缓。

低密实状态粉土颗粒松散,距离较远,初始黏聚力也较小,同时随着低密实状态土体内孔隙数量的增多,干燥后土样表里间含水率差减小,使得干缩后土体表面没有明显的裂隙,而是出现许多小细孔,因而土体内部结构性和整体性破坏相比高密实状态下减小,然后增湿过程中水分进入土体内部使得土颗粒的联结作用减弱导致黏聚力衰减,并且在前两次湿-干循环过程中黏聚力衰减幅度较大。这可能是由细孔的快速增长导致的,随着细孔增长稳定后,黏聚力波动性变化的主要原因是基质吸力的反复加卸载。中密实状态下,土样表面细孔和裂隙均有出现,细孔、裂隙以及内部团粒的聚集、分离导致黏聚力衰减且具有波动性。

4.4.2　不同密实状态粉土内摩擦角衰减机理分析

内摩擦角与颗粒间咬合摩擦和滑动摩擦有关,它的大小取决于颗粒形态、孔隙压力和土的结构等。在增湿膨胀过程中,土颗粒骨架被水分冲刷塌落,在失水干缩过程中,基质吸力增大使得联结较弱的土颗粒聚集形成团粒,这些团粒使得粒间滑动摩擦和咬合摩擦增加,因此内摩擦角增大;同时在干缩湿胀作用下,土颗粒较易破碎,磨圆度变大,内摩擦角又减小。湿-干循环作用下的内摩擦角变化是两者综合作用的体现[1-2],因此低、中密实状态下内摩擦角会出现波动,而高密实状态下,土体干缩现象严重,表面隆起开裂,土体内部团粒较多,由于密实状态较高,土颗粒不易破碎,因此内摩擦角整体呈增大趋势。

本章参考文献

[1] 李晓峰.含砂粉土力学特性及其路堤边坡的稳定性研究[D].天津:河北工业大学,2017.

[2] 蒋佳莉,张卫兵,王红雨.干湿循环作用下银川地区重塑粉质黏土强度劣化试验研究[J].公路交通科技,2020,37(5):33-42.

5 粉土变形特性随湿-干循环演化规律

土是由松散堆积体组成的多孔隙介质,其宏观工程特性受控于其内部微细结构,微观结构的演化规律是土体在环境影响下力学行为发展特征的本质。在表水入渗或地下水上升等导致土体湿度增大的过程中,土颗粒原生矿物颗粒吸水产生膨胀、软化等变化,层状结构的矿物颗粒在土中含水量等于或接近其吸湿含水量的时候开始出现分裂现象。相反,在旱季蒸发或地下水下降过程中,土颗粒间隙自由水及其原生矿物层间弱结合水逐渐散失并伴随土体收缩变形,由于颗粒的矿物组成、形态、排列方式等具有各向异性特点,使得收缩变形过程中矿物间或颗粒团聚体间的胶结力存在着显著差异,从而产生"链接"破坏,导致土体内部的孔隙特征发生改变,进而对土体的变形特性也产生相应影响。为有效评估及控制湿-干循环条件下粉土路基变形,本章结合第 3 章毛细特性试验成果和水文地质勘探资料开展粉土固结试验,研究湿-干循环作用下粉土压缩特性及其指标随湿-干循环次数、湿-干循环幅度和压实系数演化规律。

5.1 试验方案

试验采用三联固结仪测定低液限粉土固结变形,其在工程实际中应用广泛,具有操作简便、试验数据读取直观、精度较高等特点。固结试样的初始条件均保持相同状态,即通过静压法配置以最优含水率(9.3%)为基准的压实土样,采用与第 4 章相同的制样步骤和湿-干循环方案,并根据第 3 章毛细水上升稳定后不同高度处的含水率变化,新增规范地基压实系数($k=0.92$)粉土变形特性受湿-干幅度的影响规律。结合毛细水试验中自由水面以上不同位置土体水分湿度波动幅度,依托工程水文地质勘探资料,经综合考虑,分别对湿-干循环幅度为7%、5%、3%下粉土变形特性随湿-干循环次数的演化规律进行研究。加压等级选用 25 kPa、50 kPa、100 kPa、200 kPa、400 kPa、800 kPa。试验初始状态及加载条件如表 5-1 所示。

表 5-1 试样初始状态与加载条件

湿-干循环幅度 C_w/%	初始压实系数 k	湿-干循环次数/次	初始含水率 w_0/%	加压序列/kPa
±5	0.89		9.3	
±5	0.92		9.3	
±5	0.95	0、1、2、3、4、5、7、9、10	9.3	0—25—50—100—200—400—800
±3	0.92		9.3	
±7	0.92		9.3	

5.1.1 试验仪器

主要试验仪器为 GJZ-1 型三联固结仪和砝码,仪器结构简单,操作方便,该仪器加载砝码后如图 5-1 所示。其他试验仪器包括天平、环刀、液压千斤顶、反力架、胶头滴管等。

图 5-1 GJZ-1 型三联固结仪

5.1.2 试验步骤

用三联固结仪进行单向压缩试验,采用人工读数的方法记录土体竖向压缩量。具体试验步骤如下:

(1)采用第 4 章的试样制备方法和湿-干循环方案,将完成湿-干循环后试样从保鲜膜中取出,称量,若与初始质量误差相差 0.5 g 内,试样符合设计含水率,可进行后续固结试验,否则应重新制备试样。

（2）固结容器内从底往上依次放入护环、透水板和大小一致的滤纸，将符合湿-干循环标准环刀试样压入护环内，环刀刃口朝下，压入过程中不能对试样造成破坏，然后在试样表面再依次放置滤纸、透水板、加压盖和湿棉花，最后调整加压框架中心，安装百分表。

（3）施加预压力，仪器与试样接触良好后将百分表调零。GJZ-1 型三联固结仪安装完成后如图 5-2 所示。

图 5-2　GJZ-1 型三联固结仪安装完成

（4）卸除预压力后，选取 25 kPa、50 kPa、100 kPa、200 kPa、400 kPa、800 kPa 的加压等级逐级加载。

（5）加压后按以下时间间隔读取百分表读数：6 s、15 s、1 min、2.25 min、4 min、6.25 min、9 min、12.25 min、16 min、20.25 min、25 min、30.25 min、36 min、42.25 min、49 min、64 min、100 min、200 min、23 h、24 h。

（6）稳定标准：黏土每小时试样变形量不大于 0.005 mm，粉土和粉质黏土每小时试样变形量不大于 0.01 mm。本试验土样在每一级压力作用下的最后 1 h 内变形量明显小于 0.01 mm，符合固结稳定标准。

（7）每个试样完成试验后，先拆除仪器各部件再取出试样，最后擦干试样两端和环刀壁上的水分，并测定试验后试样含水率。

5.2　湿-干循环作用对粉土压缩量-时间曲线的影响

每个试样完成固结需耗时 7 天，试验结束后将百分表的读数结果和固结时间作为坐标轴后整理获得竖向压缩量随时间的变化关系。不同压实系数、湿-干循环幅度下粉土压缩量随时间和循环次数的变化规律如图 5-3 所示。

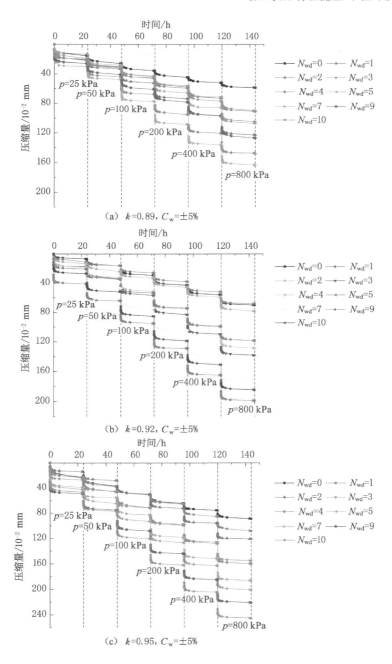

图 5-3　压缩曲线随时间和循环次数的变化规律

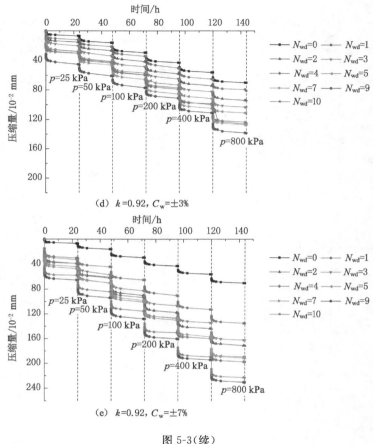

(d) $k=0.92$, $C_w=\pm3\%$

(e) $k=0.92$, $C_w=\pm7\%$

图 5-3(续)

根据试验记录数据和图 5-3 的压缩曲线分析粉土压缩量时,按照式(5-1)计算某级压力作用下的总压缩量:

$$\delta_s = \sum \Delta h_i \tag{5-1}$$

式中:δ_s 为总压缩量,mm;$\sum \Delta h_i$ 为第 i 级压力下固结稳定后的总压缩量,mm。

为分析湿-干循环作用下粉土总压缩量的增长规律时,定义了式(5-2)所示的总压缩量增长率:

$$D_n = \frac{\delta_{sn} - \delta_{s0}}{\delta_{s0}} \times 100\% \tag{5-2}$$

式中:D_n 为第 n 次湿-干循环后的总压缩量增长率;δ_{s0} 为未经历湿-干循环下的总压缩量,mm;δ_{sn} 为第 n 次湿-干循环后的总压缩量,mm。

如表 5-2～表 5-6 所示为各初始状态粉土试样总压缩量及其增长率。

表 5-2　$k=0.89, C_w=\pm 5\%$ 的总压缩量

湿-干循环次数	压缩量/10^{-2} mm						总压缩量/10^{-2} mm	总压缩量增长率/%
	25 kPa	50 kPa	100 kPa	200 kPa	400 kPa	800 kPa		
0	15.3	10.7	9.8	9.0	7.2	6.7	58.7	0%
1	22.0	9.0	11.9	14.8	15.3	17.9	90.9	54.86%
2	20.2	13.5	19.2	21.1	23.4	25.6	123.0	109.54%
3	19.0	11.2	13.6	12.4	15.4	18.4	90.0	53.32%
4	25.8	18.2	23.8	27.1	25.7	27.4	148.0	152.13%
5	13.3	14.9	16.9	20.7	20.2	21.0	107.2	82.62%
7	29.8	17.8	29.8	31.1	28.1	26.6	163.2	178.02%
9	25.8	15.2	19.9	17.7	18.4	29.9	126.9	116.18%
10	20.8	11.7	13.8	13.3	17.3	27.9	104.8	78.53%

表 5-3　$k=0.92, C_w=\pm 5\%$ 的总压缩量

湿-干循环次数	压缩量/10^{-2} mm						总压缩量/10^{-2} mm	总压缩量增长率/%
	25 kPa	50 kPa	100 kPa	200 kPa	400 kPa	800 kPa		
0	6.9	9.2	13.3	13.4	13.2	14.0	70.0	0%
1	11.0	4.9	9.9	12.0	14.1	16.2	68.1	−2.71%
2	13.7	10.4	8.9	12.8	13.4	19.0	78.2	11.71%
3	17.5	16.5	22.9	26.1	26.8	28.5	138.3	97.57%
4	18.8	13.7	19.2	23.0	25.2	28.7	128.6	83.71%
5	20.9	14.2	18.4	20.7	24.8	19.8	118.8	69.71%
7	27.5	19.7	26.6	30.8	33.6	35.2	173.4	147.71%
9	41.0	23.1	31.0	33.8	36.3	33.6	198.8	184.00%
10	27.1	24.9	33.2	33.7	32.1	33.6	184.6	163.71%

表 5-4　$k=0.95, C_w=\pm 5\%$ 的总压缩量

湿-干循环次数	压缩量/10^{-2} mm						总压缩量/10^{-2} mm	总压缩量增长率/%
	25 kPa	50 kPa	100 kPa	200 kPa	400 kPa	800 kPa		
0	23.0	14.1	14.1	13.5	11.1	13.2	89.0	0%
1	24.2	13.7	13.6	14.4	19.6	22.7	108.2	21.57%
2	13.9	14.1	22.0	22.7	23.3	25.2	121.2	36.18%
3	27.3	18.0	26.6	27.3	26.9	29.1	155.2	74.38%

表 5-4(续)

湿-干循环	压缩量/10^{-2} mm						总压缩量	总压缩量
次数	25 kPa	50 kPa	100 kPa	200 kPa	400 kPa	800 kPa	/10^{-2} mm	增长率/%
4	23.7	22.8	25.0	26.5	30.0	32.0	160.0	79.78%
5	42.5	22.3	28.6	33.4	36.4	37.8	201.0	125.84%
7	39.3	15.9	27.8	36.0	32.9	34.2	186.1	109.10%
9	49.1	26.5	32.5	36.7	40.3	35.9	221.0	148.31%
10	46.6	30.6	43.4	41.6	42.3	41.0	245.5	175.84%

表 5-5 $k = 0.92, C_w = \pm 3\%$ 的总压缩量

湿-干循环	压缩量/10^{-2} mm						总压缩量	总压缩量
次数	25 kPa	50 kPa	100 kPa	200 kPa	400 kPa	800 kPa	/10^{-2} mm	增长率/%
0	6.9	9.2	13.3	13.4	13.2	14.0	70.0	0%
1	12.2	9.2	12.9	16.5	14.7	15.5	81.0	15.71%
2	15.8	11.0	15.1	16.1	16.6	19.5	94.1	34.43%
3	20.6	13.3	14.8	16.3	17.4	20.6	103.0	47.14%
4	28.2	14.2	17.0	19.6	19.8	27.2	126.0	80.00%
5	27.9	13.2	15.9	16.9	18.8	19.0	111.0	58.57%
7	30.3	15.9	19.7	19.9	19.2	22.3	127.3	81.86%
9	45.8	15.1	16.2	14.2	19.8	27.4	138.5	97.86%
10	30.4	13.1	16.1	17.5	23.1	24.0	124.2	77.43%

表 5-6 $k = 0.92, C_w = \pm 7\%$ 的总压缩量

湿-干循环	压缩量/10^{-2} mm						总压缩量	总压缩量
次数	25 kPa	50 kPa	100 kPa	200 kPa	400 kPa	800 kPa	/10^{-2} mm	增长率/%
0	6.9	9.2	13.3	13.4	13.2	14.0	70.0	0%
1	30.0	14.1	20.9	25.8	22.0	22.2	135.0	92.86%
2	40.0	20.1	29.1	27.9	26.0	27.1	171.0	144.29%
3	32.9	24.1	25.5	24.4	27.5	28.0	162.4	132.00%
4	38.9	23.3	31.2	33.2	33.2	37.4	197.2	181.71%
5	44.0	26.0	30.9	29.1	30.0	29.2	189.2	170.29%
7	47.2	23.6	27.3	29.7	29.2	34.3	191.3	173.29%
9	65.5	28.6	34.0	32.4	33.8	35.9	230.2	228.86%
10	57.7	26.5	31.1	35.9	38.2	33.2	222.6	218.00%

分析图 5-3 和表 5-2～表 5-6 可知:压缩量随时间和竖向压力的增加均呈现出倒阶梯形增长趋势,即压缩量在每一级竖向压力施加的短时间内会迅速增加,然后渐渐趋于平缓增长。粉土承受的湿-干循环次数增多时,压缩量也明显增长,这表明湿-干循环次数对压缩量增长具有促进作用,因此在实际工程中评估工后沉降时有必要考虑湿-干循环效应的影响。

同一湿-干循环幅度、不同压实系数粉土压缩量随湿-干循环次数的增加呈现出不同的特点。与中、高密实状态($k=0.92$、0.95)试验组相比,低密实状态粉土压缩量在首次循环后出现明显增大,总压缩量增长率约为 54.86%,并在第 2 次循环后总压缩量增长率上升为 109.54%。低密实状态($k=0.89$)粉土总压缩量在 3～10 次湿-干循环过程中,具有明显波动性,其中 7 次湿-干循环后时,总压缩量达到最大为 1.632 mm,总压缩量增长率为 178.02%;中等密实状态($k=0.92$)粉土压缩量在初始 2 次湿-干循环过程中并未出现明显的增长趋势,3～10 次湿-干循环过程中,压缩量开始明显增长,且 $N_{wd}=9$ 时总压缩量最大,总压缩量增长率为 184.00%;高密实状态($k=0.95$)粉土总压缩量随湿-干循环次数的增加,增长趋势较为稳定,无波动性,总压缩量增长率最大为 175.84%($N_{wd}=10$ 次)。综上所述,5～7 次湿-干循环后,粉土总压缩量的最大增长率受压实系数大小影响较小,故提高压实标准并不能有效降低粉土总压缩量。

当压实系数相同时,总压缩量不仅与湿-干循环次数有关,还与湿-干循环幅度密切相关,具体表现为低湿-干循环幅度($C_w=\pm3\%$)条件下,湿-干循环作用下粉土总压缩量增长率较小且规律性较强。同时由表 5-5 也可知:粉土总压缩量增长率每次湿-干循环递增仅 12%～32%,当 $N_{wd}=9$ 时总压缩量最大,且其增长率为 97.86%;中湿-干循环幅度($C_w=\pm5\%$)条件下,随湿-干循环次数的增加,粉土总压缩量呈簇状聚集;高湿-干循环幅度($C_w=\pm7\%$)条件下,粉土总压缩量在首次循环后增长十分显著,增长率为 92.86%,且在 9 次湿-干循环后增长到最大,增长率为 228.86%。比较不同循环幅度的总压缩量增长特点,发现湿-干循环幅度的增加能明显加大土体压缩量,并且总压缩量最大增长率受循环幅度的影响变化明显,这一点与压实系数条件下的变化规律相反,因此实际工程中应当减少粉土地基的含水率波动,做好地基防水措施。

5.3 湿-干循环作用对粉土压缩应变的影响

侧限压缩应变可以反映完全限制侧向变形条件下土体在竖向荷载作用下的变形变化规律,通常用 ε_s 表示侧限压缩应变,以百分数表示,其表达式如式(5-3)所示:

$$\varepsilon_s = \frac{h_i - h_0}{h_0} \times 100\% \tag{5-3}$$

式中：h_0 为粉土试样的初始高度，mm；h_i 为某一级压力下粉土试样变形稳定后的高度，mm；下标 s 表示完全侧限条件。

5.3.1　不同压实系数粉土压缩应变随湿-干循环变化规律

不同湿-干循环次数、压实系数粉土侧限压缩应变与竖向压力的关系曲线如图 5-4 所示，由图可知：不同密实状态粉土侧限压缩应变均随着竖向压力的增加而增大，低密实状态（$k=0.89$）粉土试样在第 7 次湿-干循环后侧限压缩应变达到峰值 8.16%，中、高密实状态（$k=0.92$、$k=0.95$）粉土侧限压缩应变的峰值分别为 9.94% 及 12.28%；随着压实系数的增加，粉土试样侧限压缩应变出现峰值时的湿-干循环次数也逐渐增大。

相同密实状态下，前 2 次湿-干循环作用下粉土试样侧限压缩应变量与未经历湿-干循环的粉土试样相近，斜率变化一致，湿-干循环对土体压缩性的影响并不显著；在湿-干循环次数 $N_{wd} \geqslant 3$ 时，随着湿-干循环次数的增加，粉土试样最终变形量逐渐提高，且与上级差距逐渐增大，压实系数越高，相同湿-干循环次数下粉土试样变形量的涨幅越大。

5.3.2　不同湿-干循环幅度对粉土压缩应变的影响

不同湿-干循环次数、湿-干循环幅度粉土侧限压缩应变与竖向压力的关系如图 5-5 所示，由图可知：

当压实系数为 0.92 时，不同湿-干循环幅度条件下粉土试样侧限压缩应变随竖向压力的增加变化规律不尽相同，具体表现为：低湿-干循环幅度（$C_w = \pm 3\%$）条件下，粉土侧限压缩应变在湿-干循环作用下变形量增长较小且呈现出均匀增长的特点；中等湿-干循环幅度（$C_w = \pm 5\%$）条件下，随湿-干循环次数的增加，粉土侧限压缩应变呈簇状聚集，且循环次数越多，聚簇的侧限压缩应变曲线内部间距也越大；高湿-干循环幅度（$C_w = \pm 7\%$）条件下，粉土侧限压缩应变在首次湿-干循环后，增长十分显著，并在 800 kPa 竖向压力下侧限压缩应变从 3.5% 增至 6.75%，增长了约 1 倍，由于湿-干循环幅度较大，增湿过程中进入土样的水分越多，对土体骨架破坏作用越大，粉土侧限压缩应变在首次湿-干循环后表现出明显的增长趋势。同一湿-干循环次数下，粉土侧限压缩应变随湿-干循环幅度的增大而增大，且在 9 次湿-干循环后，粉土侧限压缩应变达到峰值，分别为 6.93%（$C_w = \pm 3\%$）、9.94%（$C_w = \pm 5\%$）、11.51%（$C_w = \pm 7\%$），即降低湿-干循环幅度能降低粉土路基最终沉降量。

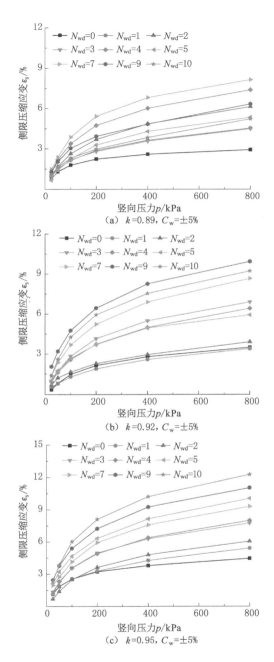

（a）$k=0.89$，$C_w=\pm5\%$

（b）$k=0.92$，$C_w=\pm5\%$

（c）$k=0.95$，$C_w=\pm5\%$

图 5-4 不同压实系数和循环次数的侧限压缩应变与竖向压力的关系曲线

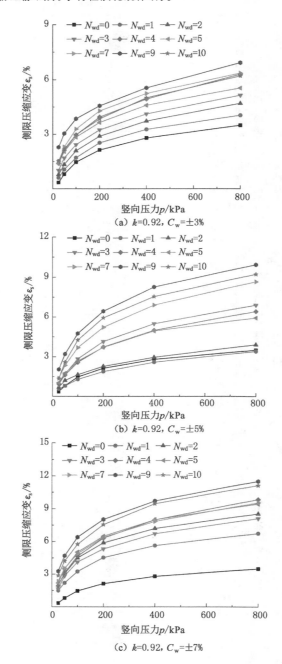

(a) $k=0.92$, $C_w=\pm3\%$

(b) $k=0.92$, $C_w=\pm5\%$

(c) $k=0.92$, $C_w=\pm7\%$

图 5-5　不同循环幅度和循环次数的侧限压缩应变与竖向压力的关系曲线

5.4 湿-干循环作用对粉土割线模量的影响

5.4.1 不同压实系数对粉土割线模量的影响

鉴于整理压缩资料的 e-p 曲线法和 e-$\lg p$ 曲线法具有易受初始孔隙比影响的缺点,魏汝龙[1]、刘保健等[2]在大量分析试验资料的基础上,提出了一种便于电算的新方法。该方法使用割线模量进行压缩资料整理,并在地基沉降计算方面获得广泛应用,根据文献得到土体割线模量的常用符号表达关系式为:

$$E_{soi} = p_i/\varepsilon_{si} \tag{5-4}$$

该指标和压缩模量类似,能衡量土体压缩性高低。按照式(5-4)整理出不同压实系数条件下的粉土割线模量随循环次数和竖向压力的变化规律,如表 5-7 所示。

表 5-7　不同压实系数的粉土割线模量

试验条件	湿-干循环次数/次	竖向压力/kPa					
		25	50	100	200	400	800
$k=0.89$, $C_w=\pm5\%$	0	3.268	3.846	5.587	8.929	15.385	27.257
	1	2.273	3.226	4.662	6.932	10.959	17.602
	2	2.475	2.967	3.781	5.405	8.214	13.008
	3	2.632	3.311	4.566	7.117	11.173	17.778
	4	1.938	2.273	2.950	4.215	6.633	10.811
	5	3.759	3.546	4.435	6.079	9.302	14.925
	7	1.678	2.101	2.584	3.687	5.857	9.804
	9	1.938	2.439	3.284	5.089	8.247	12.608
	10	2.404	3.077	4.320	6.711	10.403	15.267
$k=0.92$, $C_w=\pm5\%$	0	7.246	6.211	6.803	9.346	14.286	22.857
	1	4.545	6.289	7.752	10.582	15.414	23.495
	2	3.650	4.149	6.061	8.734	13.514	20.460
	3	2.857	2.941	3.515	4.819	7.286	11.569
	4	2.660	3.077	3.868	5.355	8.008	12.442
	5	2.392	2.849	3.738	5.391	8.081	13.468
	7	1.818	2.119	2.710	3.824	5.789	9.227
	9	1.220	1.560	2.103	3.103	4.843	8.048
	10	1.845	1.923	2.347	3.364	5.298	8.667

表 5-7(续)

试验条件	湿-干循环次数/次	竖向压力/kPa					
		25	50	100	200	400	800
$k=0.95$, $C_w=\pm5\%$	0	2.174	2.695	3.906	6.182	10.554	17.978
	1	2.066	2.639	3.883	6.070	9.357	14.787
	2	3.597	3.571	4.000	5.502	8.333	13.201
	3	1.832	2.208	2.782	4.032	6.344	10.309
	4	2.110	2.151	2.797	4.082	6.250	10.000
	5	1.176	1.543	2.141	3.155	4.902	7.960
	7	1.272	1.812	2.410	3.361	5.267	8.598
	9	1.018	1.323	1.850	2.762	4.322	7.240
	10	1.073	1.295	1.658	2.466	3.912	6.517

　　湿-干循环作用下粉土割线模量与竖向压力的关系如图 5-6 所示。分析发现湿-干循环幅度相同时,不同压实系数粉土割线模量与竖向压力呈线性关系,且相关系数均在 0.97 以上,割线模量 $E_{soi}=p_i/\varepsilon_{si}=A+Bp_i$,经过等量代换后发现 $\varepsilon_{si}=p/(A+Bp_i)$,湿-干循环作用下粉土的侧限压缩应变与竖向压力的关系符合魏汝龙教授提出的双曲线函数关系。

　　由图 5-6 可知:同一湿-干循环幅度条件下,不同压实系数粉土的 $E_{soi}\text{-}p$ 拟合曲线随湿-干循环次数的增加,斜率减小,其中低密实状态($k=0.89$)粉土割线模量在首次湿-干循环后衰减最显著,此后湿-干循环过程中割线模量变化较小;而中等密实状态($k=0.92$)粉土割线模量在前两次湿-干循环后变化较小,当湿-干循环次数增加至 3 次时,$E_{soi}\text{-}p$ 拟合曲线才发生明显下降;高密实状态($k=0.95$)粉土割线模量随湿-干循环次数逐渐降低,且始终没有出现大幅度下降的现象。

　　考虑实际工程的荷载情况,选取竖向压力为 200 kPa 时的割线模量作为本次研究指标,不同压实系数粉土割线模量随湿-干循环次数的变化规律如图 5-7 所示。由图 5-7 可知:粉土割线模量与压缩模量 $E_{s1\text{-}2}$ 的总体变化规律及波动性数据点较为相近,在中、高压实系数条件下波动性较小,而低压实系数条件下的波动性十分明显。对各压实系数状态下粉土割线模量随湿-干循环次数进行拟合分析,其拟合函数如下:

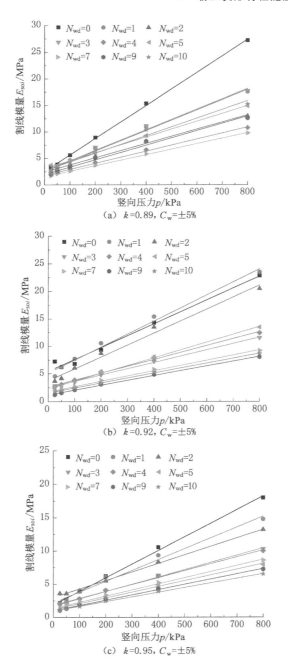

（a）$k=0.89$，$C_w=\pm5\%$

（b）$k=0.92$，$C_w=\pm5\%$

（c）$k=0.95$，$C_w=\pm5\%$

图 5-6 湿-干循环作用下粉土割线模量与竖向压力的关系

湿-干循环作用下粉土静、动力学特性演化规律研究

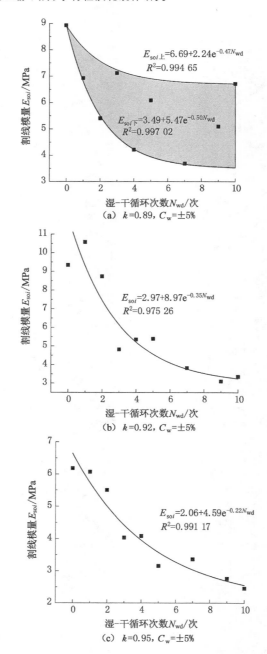

图 5-7　200 kPa 竖向压力下不同压实系数粉土割线模量随湿-干循环次数的变化规律

低压实系数（$k=0.89,C_w=\pm5\%$）：

$$E_{soi} = \begin{cases} 6.69 + 2.24e^{-0.47N_{wd}} & \text{上限} \\ 3.49 + 5.47e^{-0.50N_{wd}} & \text{下限} \end{cases} \tag{5-5}$$

中等压实系数（$k=0.92,C_w=\pm5\%$）：

$$E_{soi} = 2.97 + 8.97e^{-0.35N_{wd}} \tag{5-6}$$

高压实系数（$k=0.95,C_w=\pm5\%$）：

$$E_{soi} = 2.06 + 4.59e^{-0.22N_{wd}} \tag{5-7}$$

根据拟合函数关系发现：不同压实条件下，粉土割线模量随循环次数的增加而逐渐降低，前几次湿-干循环作用下，粉土割线模量下降速度较快。

对表 5-7 的数据进行三维曲面拟合，拟合结果如图 5-8 所示。可以发现不同压实系数粉土割线模量与湿-干循环次数、竖向压力满足如下二元函数关系：

$$E_{soi} = E_{so}e^{a_s\sqrt{N_{wd}}}(p+1)^{b_s\ln(p+1)} \tag{5-8}$$

式中：E_{so}、a_s、b_s 为试验参数。E_{so} 表示未经历湿-干循环作用且竖向压力趋向于 0 时的初始割线模量，MPa；N_{wd} 为湿-干循环次数；p 为竖向压力，kPa。

拟合的三维曲面如图 5-8 所示，该拟合结果较好。相关系数和拟合函数关系如下：

低压实系数（$k=0.89,C_w=\pm5\%$）：

$$E_{soi} = 1.482e^{-0.301\sqrt{N_{wd}}}(p+1)^{0.056\ln(p+1)} \quad R^2 = 0.9712 \tag{5-9}$$

中等压实系数（$k=0.92,C_w=\pm5\%$）：

$$E_{soi} = 2.923e^{-0.335\sqrt{N_{wd}}}(p+1)^{0.0401\ln(p+1)} \quad R^2 = 0.9016 \tag{5-10}$$

高压实系数（$k=0.95,C_w=\pm5\%$）：

$$E_{soi} = 1.846e^{-0.238\sqrt{N_{wd}}}(p+1)^{0.057\ln(p+1)} \quad R^2 = 0.9076 \tag{5-11}$$

由图 5-8 可知：同一湿-干循环次数、不同压实系数粉土割线模量随着竖向压力的增大呈线性增加发展趋势，且湿-干循环前期上升趋势较高，后期上升趋势减小；当竖向压力不变时，割线模量随湿-干循环次数的增加呈指数型规律下降，且竖向压力越大，下降趋势越明显。

5.4.2 不同湿-干循环幅度对粉土割线模量的影响

初始压实系数为 0.92，最优含水率粉土割线模量随湿-干循环次数和竖向压力的规律如表 5-8 所示。

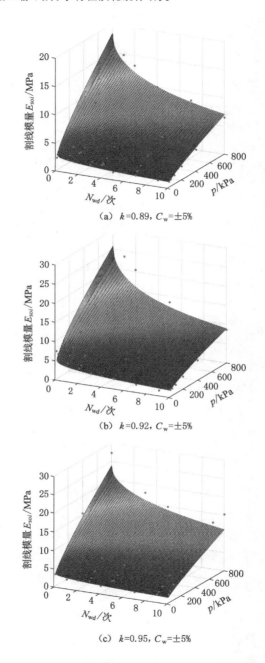

（a）$k=0.89$，$C_w=\pm5\%$

（b）$k=0.92$，$C_w=\pm5\%$

（c）$k=0.95$，$C_w=\pm5\%$

图 5-8　不同压实系数粉土割线模量与湿-干循环次数和竖向压力的关系

表 5-8　不同湿-干循环幅度的割线模量

试验条件	湿-干循环次数/次	竖向压力/kPa					
		25	50	100	200	400	800
$k=0.92$, $C_w=\pm3\%$	0	7.246	6.211	6.803	9.346	14.286	22.857
	1	4.098	4.673	5.831	7.874	12.214	19.753
	2	3.165	3.731	4.773	6.897	10.724	17.003
	3	2.427	2.950	4.107	6.154	9.709	15.534
	4	1.773	2.358	3.367	5.063	8.097	12.698
	5	1.792	2.433	3.509	5.464	8.696	14.414
	7	1.650	2.165	3.035	4.662	7.619	12.569
	9	1.092	1.642	2.594	4.287	7.201	11.552
	10	1.645	2.299	3.356	5.188	7.984	12.882
$k=0.92$, $C_w=\pm5\%$	0	7.246	6.211	6.803	9.346	14.286	22.857
	1	4.545	6.289	7.752	10.582	15.414	23.495
	2	3.650	4.149	6.061	8.734	13.514	20.460
	3	2.857	2.941	3.515	4.819	7.286	11.569
	4	2.660	3.077	3.868	5.355	8.008	12.442
	5	2.392	2.849	3.738	5.391	8.081	13.468
	7	1.818	2.119	2.710	3.824	5.789	9.227
	9	1.220	1.560	2.103	3.103	4.843	8.048
	10	1.845	1.923	2.347	3.364	5.298	8.667
$k=0.92$, $C_w=\pm7\%$	0	7.246	6.211	6.803	9.346	14.286	22.857
	1	1.667	2.268	3.077	4.405	7.092	11.852
	2	1.250	1.642	2.222	3.393	5.559	9.357
	3	1.520	1.754	2.424	3.742	5.952	9.852
	4	1.285	1.608	2.141	3.160	5.006	8.114
	5	1.136	1.429	1.982	3.077	5.000	8.457
	7	1.059	1.412	2.039	3.130	5.096	8.364
	9	0.763	1.063	1.561	2.492	4.117	6.950
	10	0.867	1.188	1.735	2.646	4.224	7.188

　　不同湿-干循环幅度条件下粉土割线模量与竖向压力的关系如图 5-9 所示，由图可知：同一湿-干循环次数和湿-干循环幅度条件下粉土割线模量与竖向压力呈线性关系，且相关系数均在 0.98 以上。同一压实系数、不同湿-干循环幅度条件下粉土 E_{soi}-p 曲线随湿-干循环次数的增加，斜率逐渐降低，其中低湿-干循环幅度（$C_w = \pm 3\%$）的粉土割线模量随湿-干循环后均匀地减小，且幅度较小；中等湿-干循环幅度（$C_w = \pm 5\%$）粉土 E_{soi}-p 斜率在前两次湿-干循环后变化较小，而在 $N_{wd} = 3$ 时斜率大幅度减小，与低湿-干循环幅度条件下割线模量变化规律不同，这是因为含水率波动幅度增加导致土体内部损伤增大；高湿-干循环幅度（$C_w = \pm 7\%$）条件下土体内部颗粒骨架破坏严重，割线模量在首次湿-干循环后就出现大幅衰减，湿-干循环作用对路基变形特性的影响最为显著。

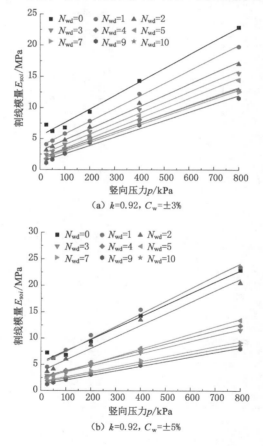

(a) $k = 0.92$, $C_w = \pm 3\%$

(b) $k = 0.92$, $C_w = \pm 5\%$

图 5-9　湿-干循环作用下割线模量与竖向压力的关系

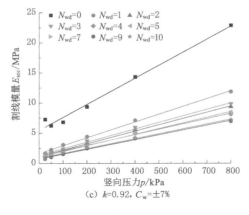

(c) $k=0.92$，$C_w=\pm7\%$

图 5-9（续）

同 5.4.1 节取竖向压力为 200 kPa 时不同湿-干循环次数和湿-干循环幅度条件下粉土割线模量作为研究指标。不同湿-干循环幅度条件下粉土割线模量随湿-干循环次数变化规律如图 5-10 所示，由图可知：同一湿-干循环幅度条件下粉土割线模量随湿-干循环次数发展规律类似，符合如下表达式：

低湿-干循环幅度（$k=0.92$，$C_w=\pm3\%$）：

$$E_{soi} = 4.63 + 4.94\mathrm{e}^{-0.43N_{wd}} \quad R^2 = 0.992\,89 \tag{5-12}$$

中等湿-干循环幅度（$k=0.92$，$C_w=\pm5\%$）：

$$E_{soi} = 2.97 + 8.97\mathrm{e}^{-0.35N_{wd}} \quad R^2 = 0.975\,26 \tag{5-13}$$

高湿-干循环幅度（$k=0.92$，$C_w=\pm5\%$）：

$$E_{soi} = 2.91 + 5.48\mathrm{e}^{-N_{wd}} \quad R^2 = 0.981\,3 \tag{5-14}$$

由图 5-10 可知：不同湿-干循环幅度条件下，粉土割线模量随湿-干循环次数的增加而逐渐降低。低湿-干循环幅度（$C_w=\pm3\%$）条件下，粉土割线模量拟合效果最好，下降趋势较平缓；中等湿-干循环幅度（$C_w=\pm5\%$）条件下，粉土含水率的波动范围增加，割线模量在经历 3 次湿-干循环后出现了骤降现象；高湿-干循环幅度（$C_w=\pm7\%$）条件下，粉土割线模量在首次湿-干循环后出现明显衰减，衰减幅度高达 50%。

综上分析可知，湿-干循环幅度增大会加剧土体内部损伤，进而导致割线模量衰减幅度加大，降低粉土的变形刚度。因此，实际工程中应该做好路基的防水隔断措施，尽量降低路基土体内部的含水率波动幅度。

同 5.4.1 节，对表 5-8 的数据进行三维曲面拟合，不同湿-干循环幅度条件下粉土割线模量与湿-干循环次数、竖向压力满足式（5-8）的二元函数关系，拟合曲面如图 5-11 所示，其相关系数和拟合函数关系如下：

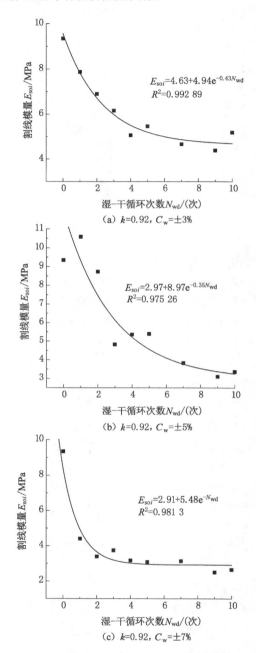

(a) $k=0.92$, $C_w=\pm3\%$

(b) $k=0.92$, $C_w=\pm5\%$

(c) $k=0.92$, $C_w=\pm7\%$

图 5-10　200 kPa 竖向压力下不同湿-干循环幅度条件下的
粉土割线模量随湿-干循环次数变化规律

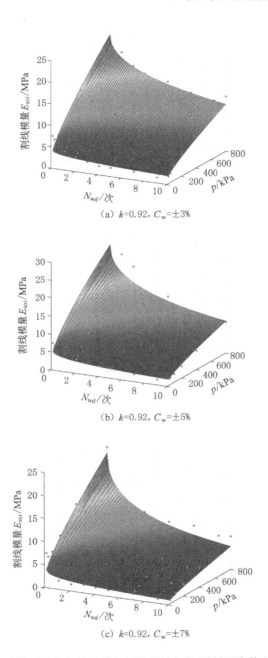

（a）k=0.92，C_w=±3%

（b）k=0.92，C_w=±5%

（c）k=0.92，C_w=±7%

图 5-11 不同湿-干循环幅度条件下粉土割线模量与湿-干循环次数和竖向压力的关系

低湿-干循环幅度($k=0.92,C_{\mathrm{w}}=\pm3\%$)：

$$E_{soi} = 2.191\mathrm{e}^{-0.240\sqrt{N_{\mathrm{wd}}}}\ (p+1)^{0.053\ln(p+1)} \qquad R^2 = 0.973\ 8 \qquad (5\text{-}15)$$

中等湿-干循环幅度($k=0.92,C_{\mathrm{w}}=\pm5\%$)：

$$E_{soi} = 2.923\mathrm{e}^{-0.335\sqrt{N_{\mathrm{wd}}}}\ (p+1)^{0.040\ 1\ln(p+1)} \qquad R^2 = 0.901\ 6 \qquad (5\text{-}16)$$

高湿-干循环幅度($k=0.92,C_{\mathrm{w}}=\pm7\%$)：

$$E_{soi} = 2.053\mathrm{e}^{-0.461\sqrt{N_{\mathrm{wd}}}}\ (p+1)^{0.053\ln(p+1)} \qquad R^2 = 0.938\ 8 \qquad (5\text{-}17)$$

分析图 5-11 可知：同一湿-干循环次数、湿-干循环幅度条件下，粉土割线模量随着竖向压力的增大呈线性增加，且湿-干循环前期上升趋势较高，后期上升趋势减小；当竖向压力不变时，割线模量随湿-干循环次数呈指数型规律下降，且在较高竖向压力下，下降趋势更明显。

5.5　湿-干循环作用下粉土压缩系数演化规律

5.5.1　湿-干循环作用下粉土孔隙比-压力关系

5.5.1.1　压实系数的影响

图 5-12 给出了不同压实系数粉土在湿-干循环幅度为±5%条件下经过不同湿-干循环次数后的 e-$\lg p$ 曲线变化规律，其中 e 为孔隙比。由图 5-12 可知：相同竖向压力作用下，不同密实状态粉土孔隙比总体上随着湿-干循环次数的增加而减小；相同竖向压力及湿-干循环次数条件下，粉土孔隙比随压实系数的增加而减小。

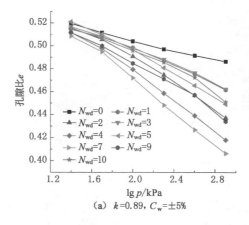

(a) k=0.89, C_{w}=±5%

图 5-12　不同压实系数及湿-干循环次数下粉土 e-$\lg p$ 曲线

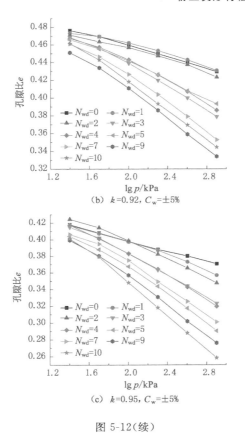

(b) $k=0.92$, $C_w=\pm5\%$

(c) $k=0.95$, $C_w=\pm5\%$

图 5-12(续)

5.5.1.2 湿-干循环幅度的影响

压实系数为 0.92 的粉土在不同湿-干循环幅度和湿-干循环次数条件下 e-lg p 曲线如图 5-13 所示,由图可知:同一竖向压力和湿-干循环幅度条件下,粉土孔隙比随着湿-干循环次数的增加整体呈现减小发展趋势;且随着湿-干循环幅度增大、竖向压力的增加,10 次湿-干循环后粉土孔隙比衰减幅度逐渐增加。其中,低湿-干循环幅度($C_w=\pm3\%$)条件下粉土孔隙比随湿-干循环次数增加呈现出线性衰减趋势,10 次湿-干循环后约为初始孔隙比的 90.65%($p=800$ kPa)~96.34%($p=25$ kPa);中等湿-干循环幅度($C_w=\pm5\%$)条件下,初始两次湿-干循环过程中粉土孔隙比未出现明显衰减趋势,仅减小了 0.5%~1.4%,但在 2 至 3 次湿-干循环过程中衰减明显,衰减幅度最高为 10.5%;高湿-干循环幅度($C_w=\pm7\%$)条件下,首次湿-干循环后粉土孔隙比衰减显著,衰减幅度为 3.6%~11.21%。综上而言,若粉土地基湿度波动范围过大,将会进一步增大湿-干循环效应,使得土体变形性能劣化程度更为严重,因此在施工及运维过程中要严格把控、监测地基填料湿度,以防因湿度波动过大导致地基沉降过大,进而导致路基病害的发生。

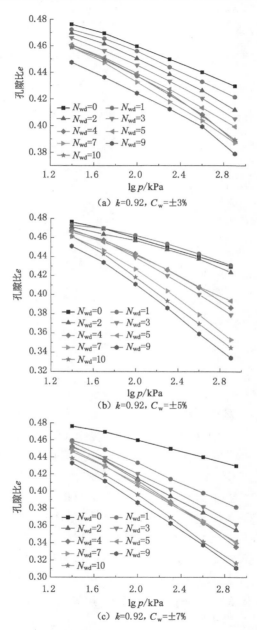

图 5-13 不同湿-干循环幅度及湿-干循环次数条件下粉土 e-lg p 曲线

5.5.2　湿-干循环作用下粉土压缩指数演化规律

5.5.2.1　压实系数的影响

e-lg p 曲线斜率绝对值为土体压缩指数 C_c,图 5-14 所示为不同压实系数粉土压缩指数 C_c 随湿-干循环次数的演化规律,由图可知:不同压实系数粉土压缩指数随湿-干循环次数大致呈线性关系,低密实状态($k=0.89$)粉土压缩指数随湿-干循环次数的增加波动性最大,在两线性函数区间内波动,随着压实系数增加,粉土压缩指数与湿-干循环次数的线性关系增强。各压实系数粉土压缩指数的拟合函数如下:

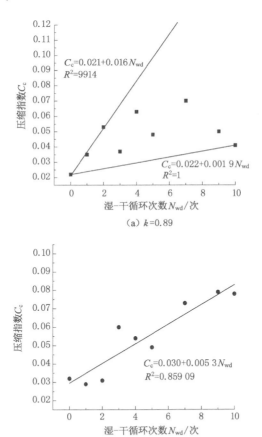

(a) $k=0.89$

(b) $k=0.92$

图 5-14　不同压实系数粉土压缩指数随湿-干循环次数演化规律

湿-干循环作用下粉土静、动力学特性演化规律研究

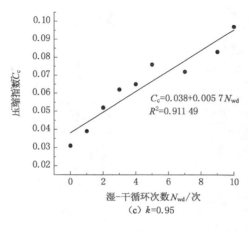

$$C_c = 0.038 + 0.005\ 7N_{wd}$$
$$R^2 = 0.911\ 49$$

(c) $k = 0.95$

图 5-14(续)

低密实状态（$k = 0.89$）：

$$C_c = \begin{cases} 0.021 + 0.016N_{wd} & \text{上限} \\ 0.022 + 0.001\ 9N_{wd} & \text{下限} \end{cases} \tag{5-18}$$

中等密实状态（$k = 0.92$）：

$$C_c = 0.030 + 0.005\ 3N_{wd} \tag{5-19}$$

高密实状态（$k = 0.95$）：

$$C_c = 0.038 + 0.005\ 7N_{wd} \tag{5-20}$$

中、高密实状态（$k = 0.92$、$k = 0.95$）下，拟合曲线斜率随压实系数的升高而小幅度增长，而较低密实状态（$k = 0.89$）下两边界拟合函数的斜率分别为 0.001 9 及 0.016，变化幅度极大。低密实状态（$k = 0.89$）下粉土压缩指数随湿-干循环次数的增加呈变化幅度较大的"跳跃式"波动规律，相邻两次湿-干循环次数间粉土的压缩指数最大变化幅度达到了 70.27%；中等密实状态（$k = 0.92$）粉土压缩指数在第 3 次湿-干循环及第 5 次湿-干循环时出现了"跳跃式增加"现象；而高密实状态（$k = 0.95$）粉土压缩指数出现"跳跃式增加"现象的点不明显。试验结果表明：不同密实状态条件下粉土压缩指数受湿-干循环次数的影响程度不同，压实系数越大，"跳跃"点出现时所经历的湿-干循环次数越多。

5.5.2.2 湿-干循环幅度的影响

压实系数为 0.92 的粉土压缩指数在不同湿-干循环幅度条件下随湿-干循环次数演化规律如图 5-15 所示，由图可知：同一湿-干循环幅度条件下，粉土压缩指数随湿-干循环次数的增加呈现出变化幅度较大的"跳跃式"波动规律。其

中,低湿-干循环幅度($C_w = \pm 3\%$)条件下,粉土压缩指数在4～9次湿-干循环过程中开始趋于稳定,其均值为0.046 5,但在9～10次湿-干循环过程中出现了"跳跃式增长"现象,增长幅度为29.8%;中等湿-干循环幅度($C_w = \pm 5\%$)条件下,粉土压缩指数分别在第2～3次、5～7次湿-干循环过程中出现了"跳跃式增长"现象,增长幅度分别为100%、35.5%;高湿-干循环幅度($C_w = \pm 7\%$)条件下,粉土压缩指数在首次湿-干循环过程中增长显著,增幅为66.66%,此后湿-干循环过程中,并未观察到明显的"跳跃式增长"现象。结果表明,随着湿-干循环幅度增加,"跳跃"点出现时所经历的湿-干循环次数逐渐减少。

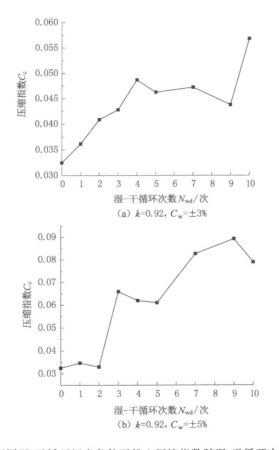

(a) k=0.92, C_w=±3%

(b) k=0.92, C_w=±5%

图 5-15 不同湿-干循环幅度条件下粉土压缩指数随湿-干循环次数演化规律

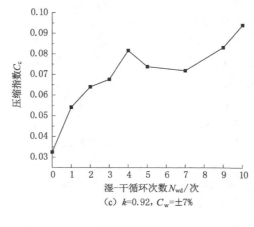

(c) $k=0.92$, $C_w=\pm7\%$

图 5-15(续)

5.6　湿-干循环作用对粉土压缩模量的影响

土的压缩模量可以通过侧限固结试验的应力-应变曲线直接获得或者 e-p 曲线间接计算获得,是土力学计算中的重要指标,对评价土的压缩性和计算地基变形具有重要意义,是计算和预测地基沉降量时需要着重分析的一个主要土性参数。地基土由于矿物组成、颗粒形态、粒间胶结或堆叠方式等极为复杂,其应力-应变关系呈非线性。即使土层相同,压缩模量也是随上覆压力而不断变化的,因此,确定压缩模量是准确计算土体沉降的前提。

土体在完全侧限条件下,由于上覆压力作用将会产生竖向附加应力及其对应的应变增量,两者比值为压缩模量 E_s,并且被广泛地应用于分层总和法、应力面积法等方法中,其计算公式为:

$$E_s = \frac{\Delta p}{\Delta H / H_1} = \frac{1 + e_i}{a_v} \tag{5-21}$$

式中:Δp 为竖向附加应力,kPa;ΔH 为压缩变形量,mm;H_1 为初始高度,mm;a_v 为某一压力范围内的压缩系数,MPa^{-1};e_i 为第 i 级压力下固结稳定后的孔隙比。

5.6.1　不同压实系数对粉土压缩模量的影响

通过式(5-21)计算获得不同压实系数粉土的压缩模量,如表 5-9 所示。不同压实系数粉土压缩模量与竖向压力的关系曲线如图 5-16 所示。由图 5-16 可知:同一湿-干循环幅度和压实系数的粉土压缩模量与竖向压力呈线性关系,且随湿-干循环次数的增加逐渐降低,斜率减小。压缩模量与割线模量在首次湿-干循环时的变化规律一致。

表 5-9　不同压实系数粉土的压缩模量

试验条件	湿-干循环次数	竖向压力/kPa					
		0～25	25～50	50～100	100～200	200～400	400～800
$k=0.89$, $C_w=\pm5\%$	0	3.268	4.637	10.071	21.824	54.311	116.299
	1	2.273	5.494	8.273	13.224	25.390	43.061
	2	2.475	3.666	5.121	9.228	16.462	29.728
	3	2.632	4.422	7.242	15.776	25.244	41.922
	4	1.938	2.712	4.109	7.130	14.826	27.436
	5	3.759	3.333	5.834	9.444	19.150	36.113
	7	1.678	2.767	3.276	6.182	13.463	28.021
	9	1.938	3.247	4.922	10.955	20.885	25.458
	10	2.404	4.229	7.129	14.689	22.432	27.571
$k=0.92$, $C_w=\pm5\%$	0	7.246	5.416	7.458	14.706	29.655	55.543
	1	4.545	10.148	10.021	16.452	27.833	48.101
	2	3.650	4.775	11.101	15.367	29.167	40.859
	3	3.004	3.004	4.293	7.445	14.306	26.529
	4	2.660	3.615	5.124	8.471	15.280	26.482
	5	2.392	3.484	5.339	9.403	15.531	38.404
	7	1.818	2.503	3.671	6.254	11.282	21.157
	9	1.220	2.120	3.122	5.636	10.309	21.843
	10	1.845	1.981	2.934	5.682	11.720	22.012
$k=0.95$, $C_w=\pm5\%$	0	2.174	3.505	6.961	14.436	34.870	58.309
	1	2.066	3.605	7.214	13.531	19.736	33.736
	2	3.597	3.521	4.482	8.590	16.543	30.222
	3	1.832	2.740	3.674	7.063	14.132	25.758
	4	2.110	2.167	3.907	7.277	12.680	23.400
	5	1.176	2.195	3.383	5.708	10.292	19.437
	7	1.272	3.083	3.498	5.325	11.435	21.615
	9	1.018	1.840	2.961	5.155	9.207	20.222
	10	1.073	1.596	2.215	4.518	8.689	17.517

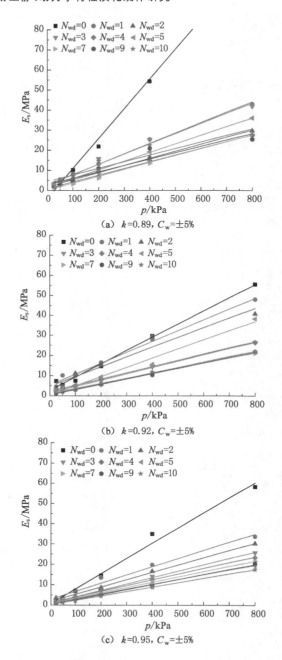

图 5-16　湿-干循环作用下粉土压缩模量与竖向压力的关系曲线

《铁路工程地基处理技术规程》(TB 10106—2010)中指出,常采用 100～
200 kPa 压力区间对应的压缩模量进行地基沉降计算,不同压实系数粉土压缩
模量与湿-干循环次数的关系曲线如图 5-17 所示。低密实状态($k=0.89$)粉土
压缩模量 E_{s1-2} 波动性明显,为便于工程实践应用,对数据波动范围内的上、下边
界数据点拟合,而中、高密实状态($k=0.92$、$k=0.95$)粉土压缩模量 E_{s1-2} 波动较
小,拟合效果较好,各拟合函数如下:

低压实系数($k=0.89$,$C_{\mathrm{w}}=\pm5\%$):

$$E_{s1-2} = \begin{cases} 14.65 + 7.18\mathrm{e}^{-0.51N_{\mathrm{wd}}} & \text{上限} \\ 6.28 + 15.54\mathrm{e}^{-0.45N_{\mathrm{wd}}} & \text{下限} \end{cases} \tag{5-22}$$

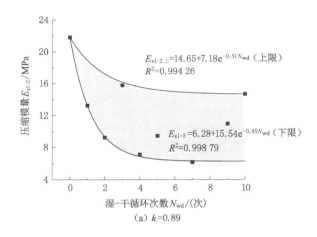

(a) $k=0.89$

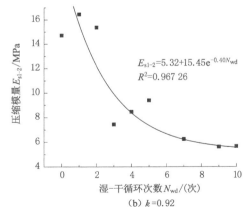

(b) $k=0.92$

图 5-17　湿-干循环作用下不同压实系数粉土压缩模量 E_{s1-2} 与湿-干循环次数的关系曲线

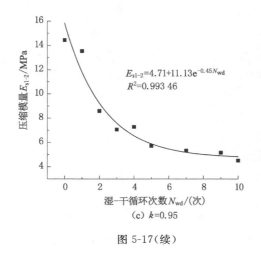

$$E_{s1\text{-}2}=4.71+11.13\mathrm{e}^{-0.45N_{\mathrm{wd}}}$$
$$R^2=0.993\,46$$

(c) $k=0.95$

图 5-17(续)

中等压实系数($k=0.92$，$C_{\mathrm{w}}=\pm5\%$)：
$$E_{s1\text{-}2}=5.32+15.45\mathrm{e}^{-0.40N_{\mathrm{wd}}} \tag{5-23}$$
高压实系数($k=0.95$，$C_{\mathrm{w}}=\pm5\%$)：
$$E_{s1\text{-}2}=4.71+11.13\mathrm{e}^{-0.45N_{\mathrm{wd}}} \tag{5-24}$$

　　由试验成果可知：不同压实系数粉土压缩模量 $E_{s1\text{-}2}$ 随湿-干循环次数的增加而逐渐降低，且衰减速率先快后慢。低密实状态($k=0.89$)粉土压缩模量 $E_{s1\text{-}2}$ 波动性较大，湿-干循环导致低压实状态的粉土压缩模量出现了较多次的波动点；中等密实状态($k=0.92$)粉土压缩模量 $E_{s1\text{-}2}$ 波动性数据点减少，波动幅度也随之减小；高密实状态($k=0.95$)曲线拟合度较高，数据点较好地分布在拟合曲线上。

　　对表 5-9 的数据进行三维曲面拟合，拟合结果如图 5-18 所示。不同压实系数粉土压缩模量与湿-干循环次数、压力区间满足如下二元函数关系：
$$E_s=E_{s0}\mathrm{e}^{a_s\sqrt{N_{\mathrm{wd}}}}(p_{ij}+1)^{b_s\ln(p_{ij}+1)} \tag{5-25}$$
式中：E_{s0}、a_s、b_s 为试验参数；p_{ij} 为某个压力区间的右坐标值，kPa，下标表示压力区间的左右区间；E_{s0} 在物理意义上表示未经历湿-干循环作用且竖向压力趋向于 0 时的初始压缩模量，MPa；N_{wd} 为湿-干循环次数，次。

　　由图 5-18 可知，不同压实状态下的压缩模量较好地满足以下函数关系：
低密实状态($k=0.89$，$C_{\mathrm{w}}=\pm5\%$)：
$$E_s=2.494\mathrm{e}^{-0.551\sqrt{N_{\mathrm{wd}}}}(p_{ij}+1)^{0.084\ln(p_{ij}+1)} \quad R^2=0.905\,8 \tag{5-26}$$
中等密实状态($k=0.92$，$C_{\mathrm{w}}=\pm5\%$)：
$$E_s=2.43\mathrm{e}^{-0.316\sqrt{N_{\mathrm{wd}}}}(p_{ij}+1)^{0.071\ln(p_{ij}+1)} \quad R^2=0.939\,3 \tag{5-27}$$
高密实状态($k=0.95$，$C_{\mathrm{w}}=\pm5\%$)：

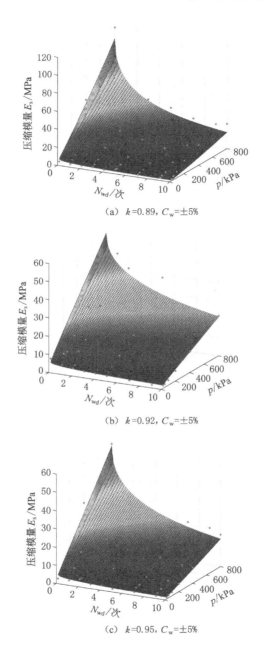

（a）k=0.89，C_w=±5%

（b）k=0.92，C_w=±5%

（c）k=0.95，C_w=±5%

图 5-18 不同压实系数粉土压缩模量与湿-干循环次数和竖向压力的关系

$$E_s = 1.904e^{-0.419\sqrt{N_{wd}}} (p_{ij} + 1)^{0.076\ln(p_{ij}+1)} \quad R^2 = 0.978\,8 \quad (5\text{-}28)$$

分析图 5-18 可知:湿-干循环次数一定时,不同压实系数粉土压缩模量随着压力区间的增大呈线性增加,且湿-干循环前期上升趋势较高,后期趋势减小;当压力区间不变时,粉土压缩模量随湿-干循环次数呈指数型规律下降,且在较高竖向压力和低压实系数下,先快后慢的下降趋势更明显。

5.6.2 不同湿-干循环幅度对粉土压缩模量的影响

通过式(5-21)计算获得不同湿-干循环幅度条件下粉土的压缩模量,如表 5-10 所示。不同湿-干循环幅度条件下粉土压缩模量与竖向压力的关系曲线如图 5-19 所示,可知不同湿-干循环幅度条件下粉土压缩模量与竖向压力呈线性关系。

表 5-10　不同湿-干循环幅度条件下粉土压缩模量

试验条件	湿-干循环次数	竖向压力/kPa					
		0~25	25~50	50~100	100~200	200~400	400~800
$k=0.92$, $C_w=\pm 3\%$	0	7.246	5.416	7.458	14.706	29.655	55.543
	1	4.098	5.402	7.669	11.913	26.520	49.923
	2	3.165	4.510	6.534	12.162	23.398	39.495
	3	2.427	3.721	6.642	11.971	22.241	37.235
	4	1.773	3.471	5.758	9.901	19.404	27.959
	5	1.792	3.735	6.160	11.994	20.498	40.168
	7	1.650	3.097	4.959	9.719	19.940	33.991
	9	1.092	3.235	5.985	11.870	19.280	27.575
	10	1.645	3.759	6.076	11.088	16.648	31.663
$k=0.92$, $C_w=\pm 5\%$	0	7.246	5.416	7.458	14.706	29.655	55.543
	1	4.545	10.148	10.021	16.452	27.833	48.101
	2	3.650	4.775	11.101	15.367	29.167	40.859
	3	3.004	3.004	4.293	7.445	14.306	26.529
	4	2.660	3.615	5.124	8.471	15.280	26.482
	5	2.392	3.484	5.339	9.403	15.531	38.404
	7	1.818	2.503	3.671	6.254	11.282	21.157
	9	1.220	2.120	3.122	5.636	10.309	21.843
	10	1.845	1.981	2.934	5.682	11.720	22.012

表 5-10(续)

试验条件	湿-干 循环次数	竖向压力/kPa					
		0~25	25~50	50~100	100~200	200~400	400~800
$k=0.92$， $C_w=\pm 7\%$	0	7.246	5.416	7.458	14.706	29.655	55.543
	1	1.667	3.493	4.679	7.500	17.356	34.004
	2	1.250	2.344	3.332	6.846	14.478	27.396
	3	1.520	2.041	3.810	7.859	13.768	26.651
	4	1.285	2.104	3.105	5.743	11.286	19.681
	5	1.136	1.881	3.123	6.526	12.467	25.205
	7	1.059	2.069	3.533	6.404	12.823	21.493
	9	0.763	1.691	2.803	5.777	10.885	20.119
	10	0.867	1.832	3.080	5.250	9.680	21.814

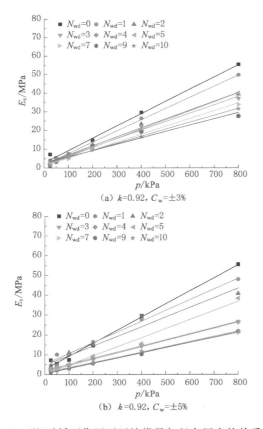

（a） $k=0.92$, $C_w=\pm 3\%$

（b） $k=0.92$, $C_w=\pm 5\%$

图 5-19 湿-干循环作用下压缩模量与竖向压力的关系曲线

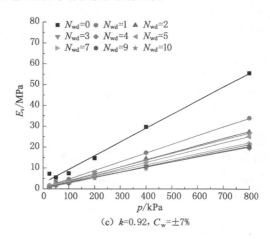

(c) $k=0.92$, $C_w=\pm 7\%$

图 5-19（续）

不同湿-干循环幅度条件下粉土压缩模量随湿-干循环作用演化规律如图 5-20 所示。低湿-干循环幅度（$C_w=\pm 3\%$）下粉土压缩模量 E_{s1-2} 波动性明显，对波动范围内的上、下边界数据点拟合。中、高湿-干循环幅度（$C_w=\pm 5\%$、$\pm 7\%$）下粉土压缩模量 E_{s1-2} 波动较小，拟合效果较好，各拟合函数如下：

低湿-干循环幅度（$k=0.92$，$C_w=\pm 3\%$）：

$$E_{s1-2} = \begin{cases} 11.93 + 2.78e^{-1.23N_{wd}} & \text{上限} \\ 9.71 + 5e^{-0.82N_{wd}} & \text{下限} \end{cases} \tag{5-29}$$

中湿-干循环幅度（$k=0.92$，$C_w=\pm 5\%$）：

$$E_{s1-2} = 5.32 + 15.45e^{-0.40N_{wd}} \tag{5-30}$$

高湿-干循环幅度（$k=0.92$，$C_w=\pm 7\%$）：

$$E_{s1-2} = 5.88 + 7.67e^{-0.81N_{wd}} \tag{5-31}$$

分析图 5-20 发现：不同湿-干循环幅度条件下，粉土压缩模量随湿-干循环次数的增加整体呈降低趋势。低湿-干循环幅度（$C_w=\pm 3\%$）条件下，粉土压缩模量在首次湿-干循环后发生小幅衰减，并在湿-干循环前期保持平稳状态，当 $N_{wd} \geq 4$ 次时，湿-干循环作用下粉土压缩模量出现了明显的波动；中等湿-干循环幅度（$C_w=\pm 5\%$）条件下，粉土压缩模量在前 3 次湿-干循环过程中衰减明显；高湿-干循环幅度（$C_w=\pm 7\%$）条件下，粉土压缩模量衰减主要集中在首次湿-干循环过程中，此后衰减趋势趋于平缓。因此，降低湿-干循环幅度会减弱湿-干循环作用的影响，压缩模量衰减幅度减小。

对表 5-10 的数据进行三维曲面拟合，拟合结果如图 5-21 所示。不同湿-干循环幅度条件下粉土的压缩模量较好地满足以下函数关系：

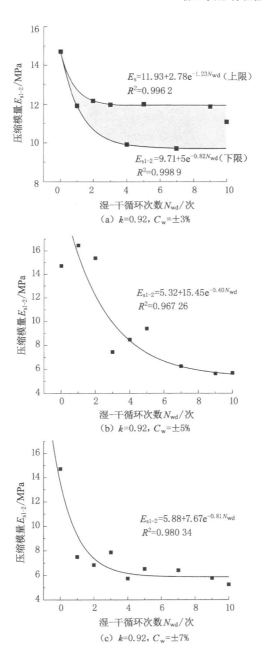

(a) $k=0.92$, $C_{\mathrm{w}}=\pm 3\%$

(b) $k=0.92$, $C_{\mathrm{w}}=\pm 5\%$

(c) $k=0.92$, $C_{\mathrm{w}}=\pm 7\%$

图 5-20 不同湿-干循环幅度条件下粉土压缩模量随湿-干循环作用演化规律

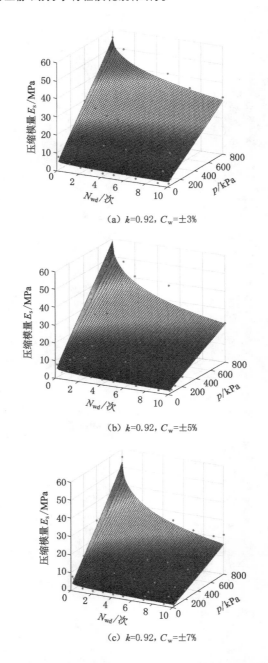

（a）$k=0.92$，$C_w=\pm3\%$

（b）$k=0.92$，$C_w=\pm5\%$

（c）$k=0.92$，$C_w=\pm7\%$

图 5-21　不同湿-干循环幅度条件下粉土压缩模量与循环次数和竖向压力的关系

低湿-干循环幅度（$k=0.92,C_w=\pm 3\%$）：

$$E_s = 2.132\mathrm{e}^{-0.192\sqrt{N_{\mathrm{wd}}}}(p_{ij}+1)^{0.073\ln(p_{ij}+1)} \qquad R^2 = 0.973\,4 \qquad (5\text{-}32)$$

中湿-干循环幅度（$k=0.92,C_w=\pm 5\%$）：

$$E_s = 2.458\mathrm{e}^{-0.316\sqrt{N_{\mathrm{wd}}}}(p_{ij}+1)^{0.071\ln(p_{ij}+1)} \qquad R^2 = 0.939\,3 \qquad (5\text{-}33)$$

高湿-干循环幅度（$k=0.92,C_w=\pm 7\%$）：

$$E_s = 1.53\mathrm{e}^{-0.366\sqrt{N_{\mathrm{wd}}}}(p_{ij}+1)^{0.079\ln(p_{ij}+1)} \qquad R^2 = 0.971\,7 \qquad (5\text{-}34)$$

由图 5-21 可知：湿-干循环次数一定时，不同湿-干循环幅度条件下粉土压缩模量随着压力区间的增大呈线性增加，且循环前期上升趋势较高，后期趋势减小；当压力区间不变时，压缩模量随湿-干循环次数呈指数型规律下降，下降速度先快后慢，且在较高压力区间和高湿干幅度条件下，压缩模量衰减更显著；湿-干循环作用对粉土的压缩模量具有劣化作用，且主要发生在湿-干循环前期。

本章参考文献

[1] 魏汝龙.三维变形条件下的最终沉降量计算[J].水利水运科学研究,1979(2):50-84.

[2] 刘保健,谢定义,郭增玉.黄土地基增湿变形的实用算法[J].岩土力学,2004,25(2):270-274.

6 考虑湿-干循环效应的粉土地基沉降计算方法

自 Tezaghi 提出地基沉降变形计算方法后,经过其他学者的不断补充和完善,如今发展出种类繁多的地基沉降计算方法,目前在工程实际中应用最广泛的是分层总和法,原因是其具有理论简单、计算方便、参数少且容易确定的优点。分层总和法使用弹性理论求解地基中的附加应力,即通过布辛奈斯克(Boussinesq)解计算地基附加应力,通过经济可行的室内试验或现场原位试验获取压缩指标和应力-应变关系后,采用土力学中的方法计算其沉降。该方法对各类土都有较好的适应性,但其压缩指标无法反映土体的非线性和弹塑性特性,且尚未考虑土体侧向变形导致预测精度较差的问题。

针对分层总和法在计算过程中计算精度的问题,通过第 5 章割线模量的二元函数关系修正分层总和法,使其更适用于湿度反复波动的粉土地基沉降计算,并将修正割线模量的计算结果与传统分层总和法、衰减压缩模量和数值模拟法的计算结果进行了对比分析。

6.1 分层总和法及其相关改进方法

6.1.1 分层总和法

分层总和法作为常用地基沉降计算方法的一种纯理论计算方法,概念明确,易于操作。计算前假定地基土为线弹性体,在上覆荷载作用下压缩变形只发生在有限的土层厚度范围内(即压缩层),首先将压缩层内的地基土分成若干层,分别求出各层的应力,然后用试验获得的应力-应变关系求出各个分层的压缩变形量,最后将其叠加求得地基的总沉降量[1-4]。

根据室内压缩试验的 e-p 压缩曲线计算每一分层的沉降量并将其求和,基本计算公式如下:

$$S = \sum_{i=1}^{n} \Delta S_i = \sum_{i=1}^{n} \frac{e_{0i} - e_{1i}}{1 + e_{0i}} h_i \tag{6-1}$$

也可根据应力-应变曲线成果计算每一分层的沉降量,即通过压缩模量指标的计算公式为:

$$S = \sum_{i=1}^{n} \Delta S_i = \sum_{i=1}^{n} \frac{\Delta p_i h_i}{E_{si}} \tag{6-2}$$

式(6-1)和式(6-2)中:S 为计算范围内压缩层的最终沉降量,m;ΔS_i 为第 i 层土的沉降量,m;e_{0i} 为第 i 层土体的初始孔隙比;e_{1i} 为第 i 层土体最终应力所对应的孔隙比;Δp_i 为第 i 层土体的平均附加应力,kPa;h_i 为第 i 层土体的厚度,m;E_{si} 为第 i 层土体平均压缩模量,MPa。

6.1.2　$e\text{-}\lg p$ 曲线法

该方法是分层总和法的一种修正计算方法,考虑了土体应力历史对土体的压缩性影响,在计算时需要先确定前期固结压力这一土体原始应力状态指标。将附加应力与前期固结压力减去实际自重应力的差值进行比较,把土体划分为超固结土、正常固结土和欠固结土,正常固结土计算方法见 6.1.1 节,超固结土和欠固结土计算方法如下。

（1）超固结条件

附加应力与前期固结压力减去实际自重应力的差值进行比较,分下列两种情况计算:

当 $\Delta p \geqslant p_c - p_0$ 时:

$$S_n = \sum_{i=1}^{n} \frac{h_i}{1+e_{0i}} \left[C_{si} \lg\left(\frac{p_{ci}}{p_{0i}}\right) + C_{ci} \lg\left(\frac{p_{0i} + \Delta p_i}{p_{ci}}\right) \right] \tag{6-3}$$

当 $\Delta p < p_c - p_0$ 时:

$$S_m = \sum_{i=1}^{n} \frac{h_i}{1+e_{0i}} \left[C_{si} \lg\left(\frac{p_{0i} + \Delta p_i}{p_{0i}}\right) \right] \tag{6-4}$$

地基总沉降为两者之和:

$$S = S_m + S_n \tag{6-5}$$

式中:p_{ci} 为第 i 层土的前期固结力,kPa;p_{0i} 为第 i 层土的自重应力,kPa;C_{si} 为第 i 层土的回弹指数;C_{ci} 为第 i 层土的压缩指数。

（2）欠固结条件

$$S = \sum_{i=1}^{n} \frac{h_i}{1+e_{0i}} C_{ci} \lg\left(\frac{p_{2i}}{p_{ci}}\right) \tag{6-6}$$

式中:p_{2i} 为第 i 层土的现有压应力,kPa。

6.1.3　分类沉降法

根据沉降机理将沉降变形分为三个阶段,按发生时间的次序分为瞬时沉降、

主固结沉降以及次固结沉降,地基总沉降为三个阶段的沉降和:

$$S = S_\mathrm{d} + S_\mathrm{c} + S_\mathrm{s} \tag{6-7}$$

式中:S_d 为瞬时沉降,m;S_c 为主固结沉降,m;S_s 为次固结沉降,m。

瞬时沉降是指荷载加压瞬间,孔隙水来不及排除,土体积无变化但出现剪切变形时的地基沉降,可以通过弹性力学公式计算获得,即:

$$S_\mathrm{d} = \frac{p_0 b \omega (1 - \mu^2)}{E} \tag{6-8}$$

式中:p_0 为地基附加应力,kPa;b 为基础的宽度或直径,m;μ 为泊松比(假定土体的体积不可压缩,取 0.5);E 为弹性模量,MPa;ω 为沉降影响系数,与基础类型、形状和计算点位置有关。

主固结沉降是指荷载作用一定时间后,孔隙水压力随时间逐渐消散且土体积压缩变形产生的沉降,常采用分层总和法计算。

次固结沉降是指荷载作用较长时间后,土骨架蠕变所引起的沉降,通常沉降量较小,历时久,占比较小,可通过孔隙比与时间关系曲线近似获得,即:

$$S_\mathrm{s} = \sum_{i=1}^{n} \frac{C_{ai}}{1 + e_{0i}} \lg \left(\frac{t_2}{t_1} \right) h_i \tag{6-9}$$

式中:C_{ai} 为第 i 层土体次固结系数;h_i 为第 i 层土体厚度,m;t_1 为主固结变形所需时间;t_2 为次固结变形所需时间。

6.1.4　割线模量法

魏汝龙教授[5-6]基于分层总和法的不足,分析了国内外众多压缩资料的整理方法,首先提出了一种适用于电算的割线模量法,然后,刘保健、李仁平、张茂花等[7-10]学者验证了该方法在沉降计算中应用的可靠性,他们用双曲线将固结压缩试验数据整理成侧限压缩应变与应力的关系,并且通过双曲线的拟合关系获得压缩指标的变化规律,从而计算得到地基沉降量大小。经大量试验分析表明,割线模量法几乎适用于大部分正常固结土体沉降量的计算,验证了割线模量计算方法在沉降计算中的适用性、广泛性和可靠性。

土体的压缩变形主要是由上覆荷载引起的孔隙体积减小导致的。早期孔隙比概念简单,意义明确,常根据 e-p 关系曲线判断土体的侧限压缩程度和使用分层总和法计算地基沉降,但是经过长期实践和研究发现,该方式在土体变形计算中存在一定不足。固结压缩试验无法直接得到孔隙比与竖向压力的关系,需要将土体的应力-应变关系转换后获得。该转换过程涉及较多的土体参数,参数的测量误差和计算误差导致结果会因人而异。因此可以直接从土体的侧限压缩应变-应力曲线出发寻找沉降计算的新方法。

将固结压缩试验成果整理为侧限压缩应力-应变的关系曲线后,发现双曲线函数的拟合效果较优,即 $\varepsilon_i\text{-}p_i$ 较普遍地满足以下函数关系:

$$\varepsilon_{si} = \frac{p_i}{A + Bp_i} \tag{6-10}$$

定义新的压缩变形指标 $E_{soi} = p_i/\varepsilon_{si}$ 为土体侧限条件下压缩变形的割线模量,则式(6-10)变为:

$$E_{soi} = \frac{p_i}{\varepsilon_{si}} = A + Bp_i \tag{6-11}$$

式中:下标 s 表示侧限压缩条件,下标 o 代表割线模量的割线起点;A 和 B 均为试验参数。

在竖向压力 p_1、p_2($p_2 > p_1$;$\Delta p = p_2 - p_1$)作用下,有相应的应变 ε_{s1} 和 ε_{s2},此时令 $\Delta\varepsilon_s = \varepsilon_{s2} - \varepsilon_{s1}$,由式(6-10)和式(6-11)则可以推出下列关系式:

$$\begin{aligned}
\Delta\varepsilon_s = \varepsilon_{s2} - \varepsilon_{s1} &= \frac{p_2}{E_{so2}} - \frac{p_1}{E_{so1}} \\
&= \frac{p_2 E_{so1} - p_1 E_{so2}}{E_{so2} E_{so1}} = \frac{p_2(A + Bp_1) - p_1(A + Bp_2)}{E_{so2} E_{so1}} \\
&= \frac{p_2 A + p_2 Bp_1 - p_1 A - p_1 Bp_2}{E_{so2} E_{so1}} = \frac{p_2 A - p_1 A}{E_{so2} E_{so1}} = \frac{A(p_2 - p_1)}{E_{so2} E_{so1}} \\
&= \frac{A}{E_{so2} E_{so1}} \Delta p \tag{6-12}
\end{aligned}$$

之后可由分层总和法求出各压缩层的变形,总沉降量为各层沉降量之和:

$$S = \sum_{i=1}^{n} S_i = \sum_{i=1}^{n} \Delta\varepsilon_s H_i = \sum_{i=1}^{n} \frac{A}{E_{so2} E_{so1}} \Delta p H_i \tag{6-13}$$

式中:E_{so1} 为相应于竖向压力(自重应力)为 p_1 时的割线模量,MPa;E_{so2} 为相应于自重应力与附加应力之和 p_2 时的割线模量,MPa。

6.2　考虑湿-干循环效应的分层总和法

针对粉土地区湿度反复波动条件下的地基沉降计算问题,采用对各种土均具有较好适应性的分层总和法,对其所需的压缩指标进行修正,以期获得考虑粉土湿-干循环效应的分层总和法。由前面第 5 章的内容可知用曲面拟合 E_s 和 E_{soi} 的相关性较好,因此压缩模量和割线模量与竖向压力(荷载)和湿-干循环次数的关系用曲面函数表示,代入分层总和法的过程如下:

由第 5 章的试验成果可知割线模量计算公式为:

$$E_{soi} = \frac{p_i}{\varepsilon_{si}} = E_{so} e^{a_s \sqrt{N_{wd}}} (p_i + 1)^{b_s \ln(p_i+1)} \tag{6-14}$$

在任意荷载 p_1、p_2($p_2 > p_1$；$\Delta p = p_2 - p_1$)作用下，相应的应变为 ε_{s1} 和 ε_{s2}，且令 $\Delta \varepsilon_s = \varepsilon_{s2} - \varepsilon_{s1}$，又根据 $\varepsilon_{si} = p_i / E_{soi}$，综合上述关系有：

$$\Delta \varepsilon_s = \varepsilon_{s2} - \varepsilon_{s1} = \frac{p_2}{E_{so2}} - \frac{p_1}{E_{so1}}$$

$$= \frac{p_2}{E_{so} e^{a_s \sqrt{N_{wd}}} (p_2 + 1)^{b_s \ln(p_2 + 1)}} - \frac{p_1}{E_{so} e^{a_s \sqrt{N_{wd}}} (p_1 + 1)^{b_s \ln(p_1 + 1)}} \quad (6\text{-}15)$$

根据分层总和法思想，若某一土层的厚度为 h_i，附加应力为 Δp，则该土层的沉降量为：

$$S_i = \Delta \varepsilon_{si} h_i$$

$$= \left(\frac{p_2}{E_{so} e^{a_s \sqrt{N_{wd}}} (p_2 + 1)^{b_s \ln(p_2 + 1)}} - \frac{p_1}{E_{so} e^{a_s \sqrt{N_{wd}}} (p_1 + 1)^{b_s \ln(p_1 + 1)}} \right) h_i \quad (6\text{-}16)$$

叠加得到考虑湿-干循环效应的总沉降修正计算公式：

$$S = \sum_{i=1}^{n} S_i = \sum_{i=1}^{n} \Delta \varepsilon_{si} h_i$$

$$= \sum_{i=1}^{n} \left(\frac{p_2}{E_{so} e^{a_s \sqrt{N_{wd}}} (p_2 + 1)^{b_s \ln(p_2 + 1)}} - \frac{p_1}{E_{so} e^{a_s \sqrt{N_{wd}}} (p_1 + 1)^{b_s \ln(p_1 + 1)}} \right) h_i \quad (6\text{-}17)$$

式(6-17)即为割线模量修正后考虑湿-干循环效应的分层总和法，能够方便地计算出一定湿-干循环次数和不同压力下的地基最终沉降量大小，文书主要选用式(6-17)进行地基沉降计算。

6.3　工程实例计算分析

为了检验修正割线模量的分层总和法对粉土地基最终沉降量计算的可行性，选取依托的铁路专用线 GK0+175 断面计算其地基沉降，采用修正后的割线模量指标计算地基沉降量，并与传统的分层总和法进行对比分析。

选取试验断面的路基高度约为 1.2 m，路基顶面宽度约为 7.5 m，路基基底宽度约为 11.8 m。工点所在位置粉土厚度为 10～15 m，且路基土体受湿-干循环作用明显。路基土体的容重为 20 kN/m³，地基压实系数为 0.92，地基粉土的天然容重为 19 kN/m³。上部轨道和列车荷载换算的土柱高度为 3.1 m、宽度为 3.4 m。GK0+175 断面如图 6-1 所示。

由土力学知识可知，路堤是一种柔性条形基础，因此路堤自重引起的基底压力分布可以认为是一种梯形分布。计算该梯形荷载作用下中点 E 所在深度处的 N 点附加应力大小（如图 6-2 所示），可以采用两个三角形荷载相减的方法[11]，如式(6-18)所示。换算土柱下中点的附加应力大小用式(6-19)计算。

图 6-1 路基断面

$$\sigma_{zN1} = 2[\alpha_{s1}(p+q) - \alpha_{s2}q] \tag{6-18}$$

$$\sigma_{zN2} = \alpha_{s3}p' \tag{6-19}$$

式中:α_{s1} 为 $\triangle OEM$ 条形荷载下的应力系数;α_{s2} 为 $\triangle CFM$ 条形荷载下的应力系数;α_{s3} 为矩形分布条形荷载下的应力系数;p、q 分别为 EF 和 FM 处的荷载大小,kPa;p' 为换算土柱对应的荷载大小,kPa。

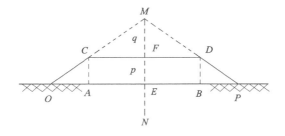

图 6-2 梯形路堤附加应力计算示意图

分层计算的每层土体厚度 $h_i \leqslant 0.4L_{op}$(路基底宽为 11.8 m),为了计算的准确性,分层厚度尽量取 1 m,并且考虑湿-干循环的影响,选取 10 次湿-干循环后各湿-干循环幅度下的衰减后粉土压缩指标进行计算。根据该断面地质水文资料以及毛细试验成果,不同深度处土体的湿-干循环幅度如表 6-1 所示。土层计算深度按 $\sigma_z < 0.2\sigma_{cz}$ 确定。沉降计算表格见表 6-2。

表 6-1 附加应力计算表

深度/m	土层厚度/m	σ_{cz}/kPa	σ_z/kPa	$\overline{\sigma}_{cz}$/kPa	$\overline{\sigma}_z$/kPa	$\overline{\sigma}_z + \overline{\sigma}_{cz}$/kPa	α_{s1}	α_{s2}	α_{s3}
0	—	0	89.96	—	—	—	0.50	0.40	0.94
1	1	19	76.20	9.5	83.08	92.58	0.45	0.33	0.73
2	1	38	65.32	28.5	70.76	99.26	0.40	0.27	0.58
3	1	57	55.77	47.5	60.54	108.04	0.35	0.23	0.47

表 6-1(续)

深度/m	土层厚度/m	σ_{cz}/kPa	σ_z/kPa	$\overline{\sigma}_{cz}$/kPa	$\overline{\sigma}_z$/kPa	$\overline{\sigma}_z+\overline{\sigma}_{cz}$/kPa	α_{s1}	α_{s2}	α_{s3}
4	1	76	48.54	66.5	52.15	118.65	0.31	0.20	0.39
5	1	95	42.03	85.5	45.29	130.79	0.27	0.18	0.34
6	1	114	36.57	104.5	39.30	143.80	0.24	0.16	0.30
7	1	133	33.45	123.5	35.01	158.51	0.22	0.14	0.27
8	1	152	30.24	142.5	31.85	174.35	0.20	0.13	0.47

表 6-2　修正分层总和法沉降计算表

深度/m	土层厚度/m	E_{si}/MPa	ΔS_{1i}/mm	$\overline{\sigma}_{cz}$下的 E_{soi}/MPa	$\overline{\sigma}_z+\overline{\sigma}_{cz}$下的 E_{soi}/MPa	ΔS_{2i}/mm
0	—	—	0	—	—	0
1	1(±7%)	2.05	40.50	0.64	1.42	50.19
2	1(±5%)	2.89	24.47	1.60	2.37	24.04
3	1(±5%)	5.07	11.93	2.28	3.29	11.96
4	1(±3%)	5.47	9.53	2.63	3.45	9.06
5	1(±3%)	5.93	7.63	2.94	3.63	7.02
6	1(±3%)	6.44	6.10	3.24	3.81	5.50
7	1(±3%)	7.03	4.98	3.52	4.01	4.46
8	1(±3%)	7.70	4.14	3.79	4.22	3.71

不同深度土层的压缩指标应该根据土层的实际受力范围计算,而荷载区间是根据实验室施加的加压序列所得,与实际土层所受荷载区间不符,无法直接代入并对修正割线模量的分层总和法进行计算检验。因此通过5.5节湿-干循环后粉土 $e-p$ 曲线计算出表 6-2 中实际荷载区间衰减压缩模量,代入式(6-2)中计算地基沉降量。

表 6-3 为传统分层总和法沉降计算表,表 6-4 为各方法计算出的地基总沉降大小。从计算的结果可以看出,考虑湿-干循环效应的两种指标计算值比较接近,因此的计算结果是可靠的,并且与传统分层总和法比较发现,修正割线模量计算的沉降量明显大于传统分层总和法的计算值,为其 2.4~2.6 倍。因此在地下水丰富、雨热气候鲜明的地区,地基沉降计算时应当考虑湿-干循环效应导致的变形指标衰减,不能盲目套用规范中的计算公式,否则工程安全难以保障,针对这类问题需要对指标进行相应的试验并研究其规律,做到严谨准确,力求安全经济。

表 6-3　传统分层总和法沉降计算表

深度/m	土层厚度/m	E_{si}/MPa	ΔS_{li}/mm
0	—	—	0
1	1	7.75	10.72
2	1	8.23	8.60
3	1	8.77	6.90
4	1	9.40	5.55
5	1	10.10	4.48
6	1	10.88	3.61
7	1	11.76	2.98
8	1	12.76	2.50

表 6-4　沉降计算结果

试验断面	路堤高度/m	传统分层总和法的 S/mm	衰减压缩模量的 S/mm	修正割线模量的 S/mm
GK0+175	1.2	45.33	109.28	115.95

6.4　试验断面的数值模拟补充分析

　　Flac3D 是美国 Itasca 公司开发的三维快速拉格朗日分析程序,通过三维显式有限差分法和混合离散单元划分技术,能够较好地模拟岩土体以及不同工程材料的三维力学行为,而且 Flac3D 内含多种本构模型,具有体积小巧、求解非线性应力-应变问题快捷的优点,在岩土计算方面深受研究者的喜欢。

6.4.1　模型建立和参数选取

　　本次利用 Flac3D 软件模拟计算铁路专用线 GK0+175 断面在基床以及列车静荷载作用下的地基沉降量大小。数值模拟计算时分为考虑和不考虑湿-干循环作用这两种工况,计算相应的地基沉降量大小,并最终与理论计算值进行对比分析。由于湿-干循环作用,压缩模量出现不同程度的衰减,利用考虑湿-干循环效应的衰减压缩模量代替原始压缩模量,其余参数保持不变,由此计算湿-干循环作用下的地基沉降。

研究路基断面时计算模型采用二维模型,模型厚度取为 1 m,在重点研究区域内网格划分加密,而在研究范围外的网格划分可以稀疏些,以提高计算速度和计算精度。模型左右边界选取约 4 倍的路基底面宽度,模型高度根据分层总和法的计算深度和 10 倍左右的路基高度来确定,以此降低边界条件对路基计算的影响。模型建立如图 6-3 所示。

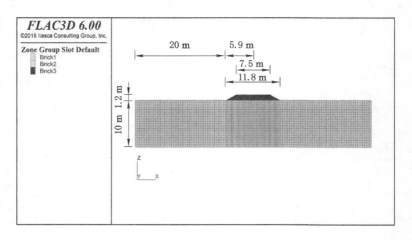

图 6-3　模型示意图

在进行模型计算前应选用合适的本构模型和土体参数,其中路基边坡工程模拟中最常用的本构模型为莫尔-库仑模型,故笔者在进行模拟时选用这种常用的土体本构模型,此模型中土体弹性模量(固结试验)的计算方法主要有以下两种:

(1) 钱家欢[12]指出土体弹性模量 E 与压缩模量 E_s 的关系符合:$E = E_s[1 - 2\mu^2/(1-\mu)]$,其中 μ 为泊松比。

(2) 根据经验公式:$E = 2.0 \sim 5.0 E_s$,在计算过程中反复试算得到结果。

以上两种方法各有其适用情况,其中方法(1)通过压缩模量计算弹性模量时简单便捷,但与工程实践中路基土体弹性模量有细微差别;方法(2)相较于方法(1)而言计算得到的弹性模量精度高,但试算过程烦琐复杂,在工程实践中实用性较差。故笔者选用方法(1)对粉土弹性模量进行估算,并依据第 5 章室内试验成果和工程经验设置土体的泊松比、黏聚力、内摩擦角等参数,如表 6-5 所示。

表 6-5　模型参数

名称	厚度/m	原始压缩模量/MPa	衰减压缩模量/MPa	泊松比	黏聚力/kPa	内摩擦角/(°)	密度/(kg/m³)
AB组填料	1.2	—	—	0.25	42	22	2 000
粉土	1.0	7.75	2.05	0.15	12	26	1 900
粉土	1.0	8.23	2.89	0.15	12	26	1 900
粉土	1.0	8.77	5.07	0.15	12	26	1 900
粉土	1.0	9.40	5.47	0.15	12	26	1 900
粉土	1.0	10.10	5.93	0.15	12	26	1 900
粉土	1.0	10.88	6.44	0.15	12	26	1 900
粉土	1.0	11.76	7.03	0.15	12	26	1 900
粉土	1.0	12.76	7.70	0.15	12	26	1 900
粉土	2.0	7.75	2.05	0.15	12	26	1 900

6.4.2　边界条件设置

　　模型四周约束水平位移,底部约束全部方向的位移即 X、Y、Z 方向的位移全部固定,在竖向上可以发生竖向变形以模拟地基沉降。在路基上部施加列车以及轨道的均布荷载。

6.4.3　模型求解过程

　　模型主要的计算分析过程如下:

　　(1)平衡初始地应力:模型初始地应力平衡前需要先将地基上部的路基网格赋为 null 模型,地基网格部分赋为莫尔-库仑模型,然后在自重应力作用下利用分阶段弹塑性理论方法进行求解,以便获得路基填筑前的地基初始应力场。

　　(2)路基填筑模拟:在进行路基填筑模拟前应将初始应力平衡时产生的节点位移和速度清零,只保留初始应力场。路基填高为 1.2 m,采用一次性加载的方法激活路基单元(即路基网格模型全部更改为莫尔-库仑模型),计算获得路基填筑后的地基沉降变形云图。

　　(3)施加轨道及列车荷载:由于路基高度较低,且主要研究对象为路基下部地基土体的沉降,在自重和荷载作用下的变形相比地基土体的变形可忽略不计,可以清除路基节点位移获得更直观的位移云图。荷载的施加可以通过面命令施加均布荷载于路基顶部的节点上,计算获得地基在路基和上覆荷载作用下的沉降变形云图。

模型求解过程示意图如图 6-4 所示。

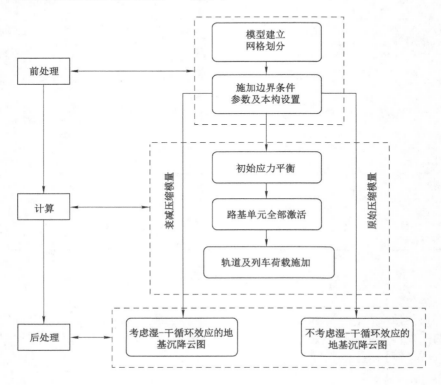

图 6-4 模型求解示意图

6.4.4 模型计算结果

路基单元全部激活后计算出的地基沉降云图如图 6-5 所示,由图可知:地基上部填筑路基后,路基底部中心处产生的沉降变形较大,并向两边逐渐减小,同时随深度的增加也逐渐减小。考虑湿-干循环效应时地基沉降为 38.49 mm,而不考虑时只有 18.96 mm。湿-干循环效用导致路基填筑后的沉降增长了一倍左右。

轨道及列车荷载施加后计算出的地基沉降云图如图 6-6 所示,由图可知:路基底部中心处产生的沉降在考虑和不考虑湿-干循环效应时的大小分别为123.5 mm 和 60.52 mm,湿-干循环效用导致地基沉降增加了一倍。将数值模

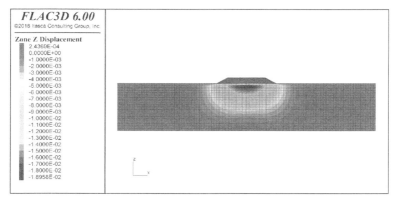

（a）不考虑湿-干循环效应

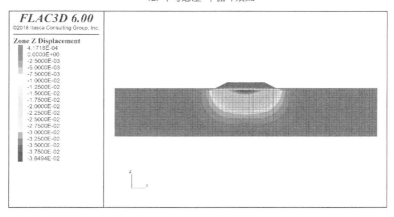

（b）考虑湿-干循环效应

图 6-5　路基单元激活后的地基沉降

拟结果与 6.3 节中的理论计算值比较发现：数值模拟计算出来的结果总是比分层总和法的计算结果大上少许，这是因为数值模拟能够分析三维沉降，其水平方向存在着变形（如图 6-7 所示），而分层总和法计算沉降时并没有考虑水平方向，因此导致竖向变形的模拟结果较分层总和法的计算结果偏大，这也可以看出考虑湿-干循环效应的分层总和法其计算准确性较高。

　　在地基中心线布置测线获得不同深度处的地基沉降大小，如图 6-8 所示。在考虑和不考虑湿-干循环时，地基最大沉降量分别为 123.5 mm 和 60.52 mm。随着深度的增加，地基沉降逐渐趋于平缓，附加应力的影响逐渐消失。

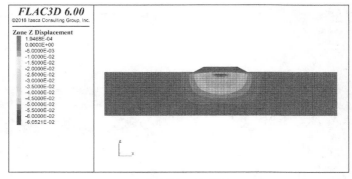

（a）不考虑湿-干循环效应

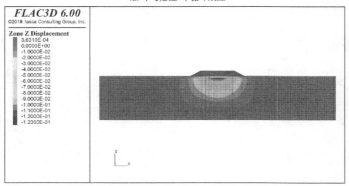

（b）考虑湿-干循环效应

图 6-6　轨道及列车荷载施加后的地基沉降

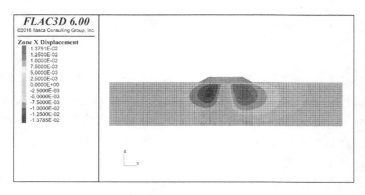

（a）不考虑湿-干循环效应

图 6-7　轨道及列车荷载施加后的水平变形

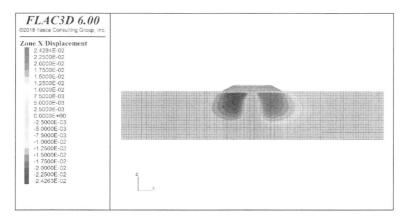

（b）考虑湿-干循环效应

图 6-7（续）

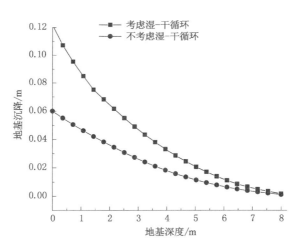

图 6-8　地基中心线处的沉降

本章参考文献

［1］涂义亮,刘新荣,钟祖良,等.干湿循环下粉质黏土强度及变形特性试验研究［J］.岩土力学,2017,38(12):3581-3589.

［2］张日华.成都天府国际机场砂泥岩填料湿化变形与沉降计算方法研究［D］.成都:成都理工大学,2020.

湿-干循环作用下粉土静、动力学特性演化规律研究

［3］侯亚玲,巨玉文,王文正,等.黄土填料高填方路堤沉降计算方法及填料压缩特性研究［J］.施工技术,2016,45(17):87-91.

［4］曹光栩.山区机场高填方工后沉降变形研究［D］.北京:清华大学,2012.

［5］魏汝龙.整理压缩试验资料的一种新方法［J］.水利水运科学研究,1980(3):90-93.

［6］魏汝龙.三维变形条件下的最终沉降量计算［J］.水利水运科学研究,1979(2):50-84.

［7］刘保健,张军丽.土工压缩试验成果分析方法与应用［J］.中国公路学报,1999,12(1):39-43.

［8］刘保健,谢定义,郭增玉.黄土地基增湿变形的实用算法［J］.岩土力学,2004,25(2):270-274.

［9］李仁平.采用修正割线模量法分析地基的非线性沉降［J］.三峡大学学报（自然科学版）,2012,34(6):57-62.

［10］张茂花,谢永利,刘保健.基于割线模量法的黄土增湿变形本构关系研究［J］.岩石力学与工程学报,2006,25(3):609-617.

［11］李峻利,姚代禄.路基设计原理与计算［M］.北京:人民交通出版社,2001.

［12］钱家欢.土力学［M］.南京:河海大学出版社,1988.

7　湿-干循环作用下粉土动力特性试验方案

7.1　重塑粉土试样制备

原状粉土强度和变形特性不能很好地满足铁路专用线建设需要。在进行铁路路基工程设计、施工时,地基表层粉土需要翻挖回填,属于扰动土。因此,动力特性试验采用重塑粉土研究。三轴试样制备时主要考虑以下两个因素:

(1)压实系数:压实系数是保证地基质量的重要控制指标,根据《铁路专用线设计规范(试行)》(TB 10638—2019)有关地基的要求,当采用细粒土为地基填料时,初始压实系数要求不小于 0.86,而《铁路路基设计规范》(TB 10001—2016)中指出地基土的最小压实系数为 0.92。综合考虑现有机械的压实能力,初始压实系数取 $k=0.92$。

(2)含水率:含水率是影响地基土体动力特性的关键因素之一。在采用地基浅层扰动粉土翻挖回填施工时,含水率一般采用最优含水率,故试样含水率取 $w=13\%$。

根据《铁路工程土工试验规程》(TB 10102—2010)要求,粉土风干碾碎后过 2 mm 标准筛并测量其初始含水率,按照最优含水率($w=13\%$)计算土样所需加水量,使用喷壶将水加入土样中并在此过程中不断搅拌,待搅拌均匀后装入保鲜袋内浸润 24 h,以保证土样中水分分布均匀。采用静压一次成型法制备粉土标准三轴试样(高度为 80 mm,直径为 39.1 mm),三轴试样制样器如图 7-1 所示。为了避免试样水分损失,预先采用塑料保鲜膜包裹试样以备后续使用。

7.2　动力特性试验设备

粉土动力特性测试在中国矿业大学深部岩土力学与地下工程重点实验室 GDS 动三轴仪上(图 7-2)进行,该仪器由动态伺服电机、三轴压力室、围压和反压控制装置、动态围压控制器、弯曲元系统各类传感器组成。

GDS 动三轴仪主要技术指标如下:

图 7-1　三轴试样制样器

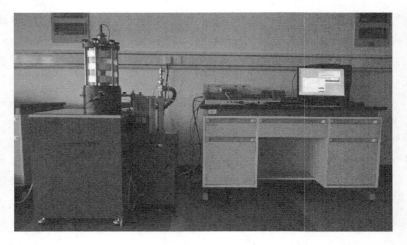

图 7-2　GDS 动三轴仪

轴向力:5 kN;

加载波形:正弦波、方波、三角波等不规则波形;

围压/反压:2 MPa;

振动频率:5 Hz;

位移精度:0.07%;

轴向力精度:0.1%。

7.3 粉土动力特性试验方案

影响地基土体动力性能的因素众多,如土的状态(含水率、压实系数、类型等)、试验条件(围压、动应力幅值、振动次数、排水条件、振动频率)等,其中动应力幅值对土体动力性能影响尤为显著。故以动应力幅值为主要影响因素,对列车振动荷载作用下粉土的工程性能进行分析研究。具体试验条件设计如下:

(1)动应力加载波形:同济大学对列车行驶过程中沪宁线路基面的实际动应力进行了测试,实测结果表明,货车行驶过程中,机车和车辆的荷载相当[1]。结合试验条件及现有研究,加载波形选用半正弦波模拟列车振动荷载。施加的动应力时程曲线如图 7-3 所示。

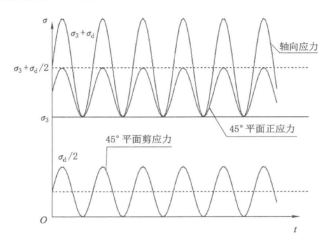

图 7-3 动应力时程曲线

(2)动应力幅值:铁路路基面动应力与列车速度、机车类型、车辆轴重等因素有关。其中铁路路基面动应力幅值可由式(7-1)计算[1]:

$$\sigma_d = 0.26P(1 + av) \tag{7-1}$$

式中,v 为列车行驶速度;P 为列车静轴重;$1 + av$ 为冲击系数,客运专线铁路最大的冲击系数为 1.9。

铁路专用线 B 的货车机车为和谐Ⅲ型,设计速度为 120 km/h,由式(7-1)计算得该路基面理论动应力幅值为 96.2 kPa。除此之外,铁路干线的路基面动应力实测结果表明,99%的路基面动应力不超过 110.5 kPa(货车机车)、91.27 kPa(货车车辆)[2]。结合路基面以下土体所受动应力随深度的衰减情况,同时为了分析列车振动荷载作用下粉土的临界动应力,动应力幅值取 $\sigma_d = 10 \sim 70\ \text{kPa}$,共施加 7 级动应力,逐级增加 10 kPa。

(3)加载频率:列车荷载作用频率与列车车长、运行速度有关,根据我国铁路运输实际情况,列车荷载加载频率可由下式计算[3]:

$$f = \frac{v}{L} \tag{7-2}$$

铁路专用线 B 的货车机车转向架中心距为 17.375 m,计算得到的动应力最大加载频率 $f \leqslant 2\ \text{Hz}$。本试验取振动频率 $f = 2\ \text{Hz}$。

(4)围压:围压主要与土体所处埋深有关,铁路专用线 B 典型路基横断面如图 7-4 所示。

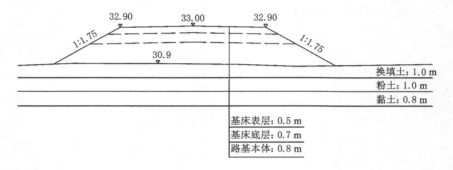

图 7-4 铁路专用线 B 典型路基横断面

其中粉土层深度为 3 m,假设粉土地基位于地下水位以上,只受道砟、轨道及基床填料自重影响,该层土体所受围压可由下式计算:

$$\sigma_3 = K_0 \gamma z \tag{7-3}$$

式中:K_0 为侧向土压力系数;γ 为填土容重,kN/m³;z 为填土深度,m。由式(7-3)计算可得,粉土层围压约为 27 kPa,综合考虑仪器条件及实际工程,围压取 $\sigma_3 = 25\ \text{kPa}$。

其他试验条件:列车运行过程中铁路地基土体水分来不及排出,故试验采用不排水条件;考虑到试验仪器的使用限制,振动次数达到 5 000 次或动应变达到 10%后,进行下一级动应力试验。

7.4 湿-干循环试验方案

7.4.1 湿-干循环试验指标

湿-干循环试验采用控制试样质量进而控制含水率的方法模拟自然条件下

地基土体含水率的变化,试验具体控制指标如下所示。

(1) 初始湿度、初始压实系数:同 7.1 节。

(2) 湿-干湿干幅度:蒋红光等[4]发现黄泛平原区冲淤积黏性土较初始含水率变化幅度为 4%~8%,阙云等[5]对浦南高速公路路基进行了将近一年的监测,发现路基土体埋深大于 60 cm 时,体积含水率变化幅度为 2%~11%;结合现场水文地质情况填筑毛细水模型,进行毛细水上升试验,试验结果表明,静置 6 个月后,粉土层含水率约为 10%,减小了 3%。因此,湿-干湿干幅度取±3%。考虑到铁路地基一般在旱季施工,施工完成后地基土体会先经历雨季增湿过程,故采用先湿后干的湿-干路径,即一个湿-干循环周期内试样含水率变化过程为 13%~16%~13%~10%~13%。

(3) 湿-干循环次数:粉土的工程特性在 3~5 次湿-干循环后趋于稳定[6-8],同时结合我国铁路大修周期为 10 年,试样湿-干循环次数最多为 10 次。其次考虑到初始 1~2 次湿-干循环过程中粉土工程特性变化尤为显著,故对经历 0 次(初始状态)、1 次、2 次、4 次、6 次、8 次、10 次湿-干循环后试样进行动三轴试验。

7.4.2 加湿及干燥方法

结合实验室条件,湿-干循环试验具体步骤如下:

(1) 依据土力学公式计算试样达到湿-干平衡状态时试样总质量。

(2) 一次加湿试验:试样侧面及下端面采用保鲜膜包裹,上端面使用滤纸覆盖后用滴管对土样进行加湿,达到步骤(1)所计算的最大质量临界值后,采取保湿措施静置 24 h,保证试样内水分分布均匀。

(3) 干燥试验:预试验结果表明,裸露试样在室温(33 ℃)条件下失水 6% 所需时间约为 10 h。故在干燥 9 h 后称量试样质量,若过重,每 10 min 测量一次试样质量,直至达到最小质量临界值。试样达到干燥平衡状态后,采用保鲜膜包裹试样并静置 24 h 以保证试样内部水分均匀。

(4) 二次加湿:采用步骤(2)加湿方法,将试样加湿至初始含水率。

(5) 重复上述步骤,完成 2 次、4 次、6 次、8 次、10 次湿-干循环后试样制备。

本章参考文献

[1] 宫全美.铁路路基工程[M].北京:中国铁道出版社,2007.

[2] 刘建坤,肖军华,杨献永,等.提速条件下粉土铁路路基动态稳定性研究[J].岩土力学,2009,30(2):399-405.

[3] 肖军华.提速列车荷载下粉土的力学响应与路基稳定性研究[D].北京:北京交通大

学,2008.

[4] 蒋红光,曹让,马晓燕,等.考虑路基平衡湿度状态的黄泛区中高液限黏土抗剪强度研究[J].岩石力学与工程学报,2018,37(12):2819-2828.

[5] 阙云,杨龙清,胡昌斌,等.多雨地区路基湿度季节变化特征的现场监测[J].公路,2010,55(12):83-90.

[6] 刘文化,杨庆,唐小微,等.干湿循环条件下粉质黏土在循环荷载作用下的动力特性试验研究[J].水利学报,2015,46(4):425-432.

[7] 陈勇,赵强,DAVE CHAN.干湿循环次数对粉质黏土动力特性的影响研究与预测[J].三峡大学学报(自然科学版),2017,39(6):52-56.

[8] 方庆军,洪宝宁,林丽贤,等.干湿循环下高液限黏土与高液限粉土压缩特性比较研究[J].四川大学学报(工程科学版),2011,43(增刊1):73-77.

8　湿-干循环作用下粉土累积变形特性演化规律

　　土体的累积塑性应变与振动次数的关系是线路运营过程中铁路地基长期沉降研究的重点问题之一,对于判断路基是否会因地基沉降过大而发生失稳破坏具有重要意义。

　　目前国内外学者针对振动荷载作用下土体累积塑性变形发展规律进行了广泛的研究,并取得了丰富的成果。研究表明:初始压实系数、含水率、动应力水平、加载方式、振动频率、固结围压等因素均会对土体累积塑性变形规律产生一定的影响[1-8],而综合考虑列车振动荷载与湿-干循环共同作用下土体累积塑性变形发展规律的文献资料却较为少见,如刘文化等[9]针对干湿循环次数对粉质黏土累积塑性变形的影响进行了研究。为此,采用第 7 章所述湿-干循环方法及动力特性试验参数进行粉土动三轴试验,并基于动三轴试验数据分析列车振动荷载与湿-干循环共同作用下粉土累积变形特性演化规律,获得不同湿-干循环次数下粉土累积塑性应变 ε_p 与振动次数 N 的经验公式,为列车振动荷载与湿-干循环共同作用下粉土累积变形特性的深入研究积累资料。

8.1　粉土动三轴试验曲线

　　不同湿-干循环次数、动应力幅值条件下粉土动应力加载波形、滞回曲线等试验曲线线形相似。因此,以湿-干循环次数 N_{wd} 为 0 次、动应力幅值为 10 kPa 试验组粉土为例,对原始试验曲线进行分析。

8.1.1　动应力时程曲线

　　为了分析试验过程中粉土实际加载波形,绘制了前 100 次(50 s)振动过程中粉土实际动偏应力随时间的变化曲线,如图 8-1 所示。由图 8-1 可知,土体实际加载波形与设计波形基本一致,而实际加载动应力幅值因仪器精度问题有所波动,其范围为 ±1 kPa。但对于较为复杂的岩土工程试验而言,这种波动范围对试验结果分析并不会产生显著影响。

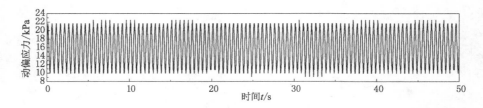

图 8-1   动应力时程曲线(前 100 次振动过程)

8.1.2   粉土滞回曲线

　　动应力幅值为 10 kPa,初始状态(湿-干循环次数 $N_{wd}=0$ 次)粉土动偏应力-轴向应变曲线如图 8-2 所示,其中图 8-2(b)为 6～10 次振动过程中粉土滞回曲线。由图 8-2 可知:① 随着振动次数的增加,滞回曲线逐渐"偏离"动偏应力轴,偏离速率逐渐减小,表明在线路运营初期地基易发生较大沉降,随着时间的推移,土体密实度增加,地基沉降速率减慢。② 由图 8-2(b)可知,其滞回曲线形状相似,同一振动周期滞回曲线并不闭合,且"开口"程度越大,其塑性变形越大。这种现象说明线路运营过程中铁路地基出现了不可恢复的变形。

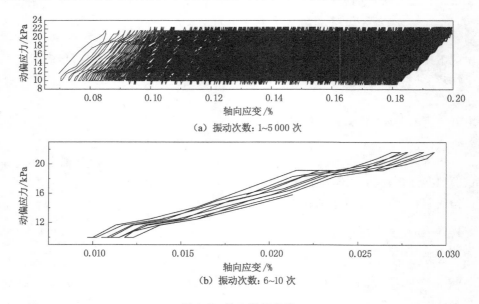

(a) 振动次数:1～5 000 次

(b) 振动次数:6～10 次

图 8-2   粉土滞回曲线

8.1.3 粉土轴向应变-时间曲线

图 8-3 所示为振动荷载作用下粉土轴向应变随时间变化曲线,由图可知:① 随着时间的推移(振动次数的增加),振动荷载作用下粉土轴向应变整体呈现出先剧烈增长后缓慢增长的发展趋势,且在 2 000 s($N=4$ 000 次)后趋于稳定;② 由 1~10 次振动过程中轴向应变-时间曲线可知,每一个振动周期内粉土均会产生不可逆变形,该变形可称为累积塑性应变。

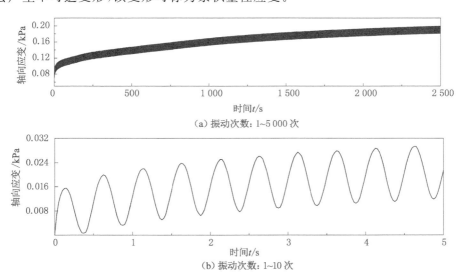

(a)振动次数:1~5 000 次

(b)振动次数:1~10 次

图 8-3　振动荷载作用下粉土轴向应变随时间变化曲线

8.2　湿-干循环作用下粉土累积塑性变形演化规律

8.2.1　振动荷载作用下粉土变形分析

振动荷载作用下粉土累积塑性应变随着振动次数的增加整体呈现出增长的发展趋势,但其增长速率却表现出衰减趋势,因此有必要对一定振动次数下粉土累积塑性应变发展规律进行研究,为铁路地基沉降及稳定性分析提供试验数据支撑。1 次、10 次、100 次、1 000 次、5 000 次振动加载后粉土累积塑性应变随湿-干循环次数、动应力幅值变化曲线如图 8-4 所示。

由图 8-4 可知,一定振动次数后粉土累积塑性应变随湿-干循环次数、动应力幅值等因素的演化规律不尽相同,具体发展规律如下:

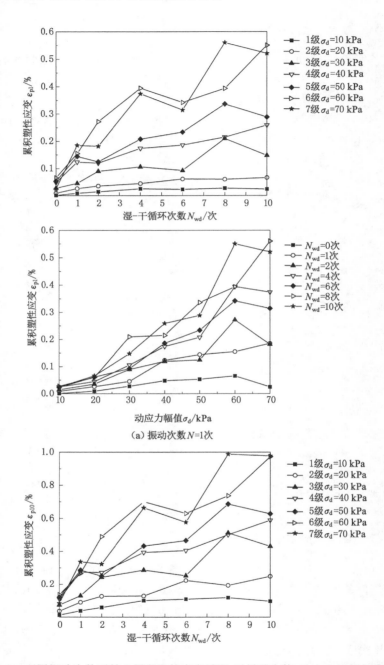

图 8-4　不同振动次数下粉土累积塑性应变随湿-干循环次数、动应力幅值变化曲线

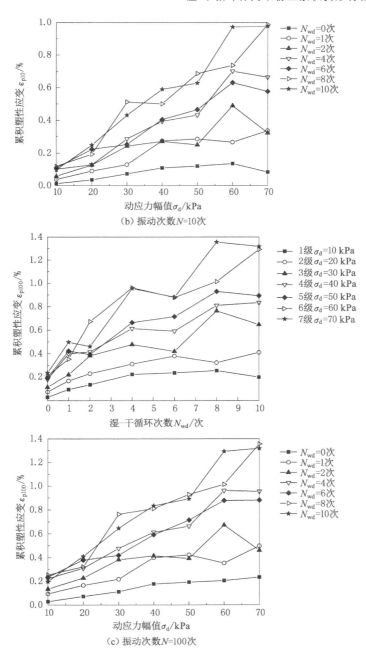

（b）振动次数N=10次

（c）振动次数N=100次

图 8-4（续）

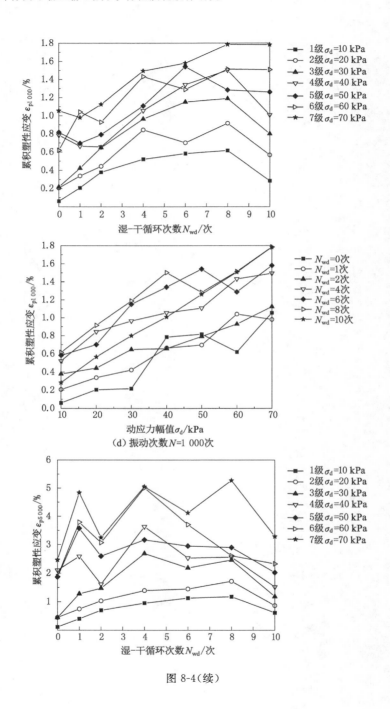

（d）振动次数$N=1\ 000$次

图 8-4（续）

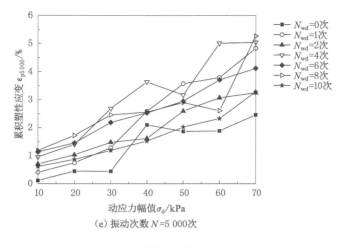

(e) 振动次数 N =5 000次

图 8-4(续)

（1）湿-干循环次数 N_{wd} 及振动次数 N 对粉土累积塑性应变的影响。

① 动应力幅值 σ_d =10 kPa、20 kPa、30 kPa 条件下，同一振动次数下，随湿-干循环次数的增加，粉土累积塑性应变整体变化趋势符合二次函数，且随振动次数的增加波动趋势减小；其中，前 8 次湿-干循环过程中粉土累积塑性应变呈现出增长趋势；8～10 次湿-干循环过程中，累积塑性应变减小，且其衰减幅度随振动次数的增多而增大，5 000 次振动后粉土累积塑性应变分别降低了 0.56%、0.85%、1.27%，抵抗变形能力相对增强，但仍要弱于初始状态（ N_{wd} =0 次）。

② 动应力幅值 σ_d =40 kPa、50 kPa、60 kPa、70 kPa 条件下，随振动次数的增加，粉土累积塑性应变随湿-干循环次数变化趋势逐渐由线性增长趋势（ N =1 次、10 次、100 次、1 000 次）向先波动增长后迅速衰减的发展趋势（ N =5 000 次）过渡。

③ 振动次数较少时（ N =1 次、10 次、100 次、1 000 次），后 4 级动应力幅值条件下，随振动次数的增多，10 次湿-干循环后粉土累积塑性应变增幅减小，其分别为初始状态的 1.28～5.41 倍（ σ_d =40 kPa）、1.54～5.43 倍（ σ_d =50 kPa）、2.43～8.41 倍（ σ_d =60 kPa）、1.69～20.83 倍（ σ_d =70 kPa）。

④ 振动次数增加至 5 000 次时，后 4 级动应力幅值条件下，首次湿-干循环后粉土累积塑性应变显著增大，依次增长了 23%、91%、109%、97%；1～4 次湿-干循环过程中，粉土累积塑性应变波动增长；4～10 次湿-干循环过程中累积塑性应变表现出衰减趋势，其衰减幅度依次为 58.2%、36.2%、53.5%、34.8%；10 次湿-干循环后粉土累积塑性应变仍要高于初始状态（除 σ_d =40 kPa 试验组外）。这也表明湿-干循环作用下粉土抵抗变形能力减弱，动力性能出现劣化现象。

（2）动应力幅值 σ_d 及振动次数 N 对粉土累积塑性应变的影响。

① 同一湿-干循环次数、振动次数下，随着动应力幅值的增大，粉土累积塑性应变表现出线性波动增长发展趋势。

② 相同湿-干状态粉土的累积塑性应变与动应力幅值的线性关系随着振动次数的增加而增强。

③ 湿-干循环次数及振动次数并未对粉土累积塑性应变随动应力幅值增大的整体演化规律产生明显影响，仅对其 σ_d-ε_p 曲线线性关系强弱产生了一定的影响。

8.2.2　湿-干循环动累积塑性变形发展机制

铁路地基受到雨旱交替及地下水位升降等因素的影响，土体湿度状态发生变化，进而承受湿-干循环作用。在吸水、失水过程中，不仅土体含水率会发生改变，同时其微观结构也会发生变化，对土体动力性能产生影响。加湿过程中，粉土含水率增大，重力作用下水分由试样端部向另一端渗透，渗透过程中水分迁移产生的"牵扯作用"导致试样内细粒不断移动调整，填充大、中孔隙，使得孔隙变小，数量变多，孔隙结构发生变化[10]。风干过程中，水分自内部向表面逐渐迁移扩散至空气中，导致粉土内部水分重新分布，孔隙结构再次发生变化，4 次湿-干循环后试样出现明显的裂纹。

首次湿-干循环后试样虽然孔隙分布的均匀性变好，孔隙间产生的微裂隙较少[9]，试样被压密，但由于水的淋滤作用，试样端部出现软化现象，导致振动荷载作用下土体所产生的累积塑性变形增大。随着湿-干循环次数增加至 4 次，土样中颗粒聚集，孔隙结构改变导致试样端部出现明显的大孔隙，且孔隙中微裂隙贯通使得侧面形成了明显的裂纹，致使粉土在振动荷载作用下累积变形进一步增大。湿-干循环次数达到 6 次，试样加湿至最优含水率后，试样侧面裂纹并不能完全闭合，在加载初期振动作用用以闭合裂缝，使得粉土抵抗塑性变形的能力出现了短暂增强的趋势。

但随着湿-干循环次数进一步增加至 8 次，5 000 次振动后试样裂纹并未闭合，粉土塑性变形在多级动应力幅值条件下增加。8～10 次湿-干循环过程中，粉土累积塑性变形减小，抵抗变形能力增强，此时土体内部孔隙结构达到一个新的平衡状态。造成这种新的平衡状态的原因主要有以下两方面：一方面是加湿过程中细微颗粒随水分迁移填充了试样内部部分大、中孔隙，裂纹产生后无法恢复也进一步使得土样内部孔隙被压缩，有助于土体颗粒的稳定[11]；另一方面是干燥过程中，粉土基质吸力增大，土体颗粒被挤压密实，加上裂纹形成会对周边土样进一步压缩，使得土体内部孔隙微裂纹和裂隙数量、密度减小，土体达到一个稳定的新平衡状态,使得粉土抵抗变形能力增强。

8.3　湿-干循环作用下粉土循环累积塑性变形预测模型

8.3.1　土体累积塑性变形预测模型

目前,地基土体累积塑性变形预测模型主要有经验模型和理论模型两类。其中经验模型是基于试验数据,通过数据拟合方式建立的模型;理论模型则是通过数学方法分析推导出的复杂弹塑性本构模型,然后使用动力有限元分析方法计算得到土体累积塑性变形。

8.3.1.1　经验模型

（1）Barksdale 模型

Barksdale 模型最早是由佐治亚理工学院学者 Barksdale[12]在 1972 年以多种基层粗粒材料室内试验数据为基础,基于双曲线模型,用于预测 10^5 次加载后路基土体变形的模型,其形式如式（8-1）所示:

$$\varepsilon_a = \frac{(\sigma_1 - \sigma_3)/K\sigma_3^n}{1 - \dfrac{(\sigma_1 - \sigma_3)R_f(1 - \sin\varphi)}{2(c\cos\varphi + \sigma_3\sin\varphi)}} \tag{8-1}$$

式中:ε_a 为轴向累积塑性应变;K, n 为材料常数;c 为土体黏聚力;φ 为土体内摩擦角;R_f 为破坏比,为破坏强度与极限强度的比值。

该模型只将变形与应力联系在一起,但是不能预测不同振动次数下土体累积塑性变形。

（2）Monismith 模型

美国加州大学学者 Monismith 等[13]在 1975 年提出了累积塑性应变与振动加载次数的关系,其形式如式（8-2）所示:

$$\varepsilon_p = AN^b \tag{8-2}$$

式中:ε_p 为累积塑性应变;N 为振动次数;A, b 为试验参数,其中 A 为土体初始塑性应变,b 为累积塑性应变速率(只与土体状态有关)。

（3）改进的 Monismith 模型

在 Monismith 模型的基础上,国内外许多学者考虑路基土体物理状态及试验条件的影响,对其进行了修正。

① Li 等[14]综合考虑了动力偏应力、静强度、土体物理状态等参数,建立了如式（8-3）所示模型:

$$\varepsilon_p = a\beta^m N^b \tag{8-3}$$

式中：β 为应力比，$\beta = \sigma_\text{d}/\sigma_\text{s}$；$a$，$m$ 为材料常数，且只与土体类型有关。

② Qiu 等[15]引入应力比 r_σ 的概念，研究发现阿肯色州路基土累积塑性变形模型参数中的 A，b 与应力比 r_σ 存在较好的关系，其模型如式（8-4）所示：

$$\varepsilon_\text{p} = p_1 r_\sigma^{p_2} N^{p_3 r_\sigma^{p_4}} \tag{8-4}$$

式中：$p_1 \sim p_4$ 为材料常数。

③ Chai 等[16]考虑静初始偏应力 q_s，建立了交通荷载作用下软土低路堤累积塑性变形模型，其模型如式（8-5）所示：

$$\varepsilon_\text{p} = a \left(\frac{q_\text{d}}{q_\text{f}}\right)^m \left(1 + \frac{q_\text{s}}{q_\text{f}}\right)^n (N^b) \tag{8-5}$$

④ 张勇[17]基于武汉软黏土累积塑性变形试验数据建立了如式（8-6）所示模型：

$$\varepsilon_\text{p} = \frac{aN^b}{1 + cN^b} \tag{8-6}$$

⑤ 魏星等[18]考虑动、静偏应力和静强度建立的模型如式（8-7）所示：

$$\varepsilon_\text{p} = a \left(\frac{q_\text{d} + q_\text{s}}{q_\text{f}}\right)^m q_\text{d} N^b \tag{8-7}$$

式中：q_d 为动偏应力；q_s 为静偏应力；q_f 为静强度。

⑥ 任华平等[19]基于击实粉土塑性安定型累积塑性应变发展特征，考虑振动频率及压实系数提出了如式（8-8）所示模型：

$$\varepsilon_\text{p} = a_0 - (A_\text{f} \text{e}^{-a_\text{k} N} + B_\text{f} \text{e}^{-b_\text{k} N}) \tag{8-8}$$

式中：a_0 为试样累积变形的最终量；a_k，b_k，A_f，B_f 为土样性质及试验参数。

除以上模型外，赵强等[20]提出可采用种群增长的 S 形、J 形曲线模拟列车振动荷载作用下粉质黏土累积塑性变形发展特征，Xiong 等[21]基于 Monismith 模型综合考虑温度、围压、初始静偏应力建立了土体累积塑性变形经验模型，Li 等[22]建立了累积塑性应变与振动次数及循环应力比（CSR）之间的关系。

8.3.1.2 理论模型

用于预测振动荷载作用下土体变形的弹塑性模型大致可以分为四类[23]：修正的静力本构模型、套叠屈服面模型、边界面模型、基于安定性理论的弹塑性模型。除此之外，莫海鸿等[24]研究了能量耗散与粉土累积塑性应变增长方式的关系，为基于能量法建立累积塑性应变模型提供了研究基础。然而理论模型中的参数获取难度较大，所需仪器精度较高，难以计算多次振动后土体累积塑性变形，限制了其在实际工程中的应用。相较于理论模型，经验模型在工程中应用广泛，实用性好。

8.3.2　粉土累积塑性变形预测模型的建立

　　累积塑性应变 ε_p-振动次数 N 曲线对于预测线路运营过程中地基土体沉降量具有重要意义，需要采用形式相对简单、物理意义明确且符合动三轴试验结果的预测模型。结合试验结果，基于 Monismith 模型[详见式(8-2)]，对不同动应力幅值及湿-干循环次数下粉土累积塑性应变 ε_p 与振动次数 N 之间的关系进行拟合分析，获得了 Monismith 模型中初始塑性应变 A 及累积塑性应变速率 b，其回归曲线如图 8-5 所示，Monismith 模型参数如表 8-1 所示。

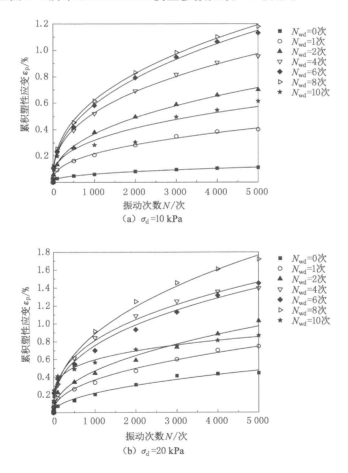

图 8-5　不同动应力幅值及湿-干循环次数下粉土累积塑性应变与振动次数的关系

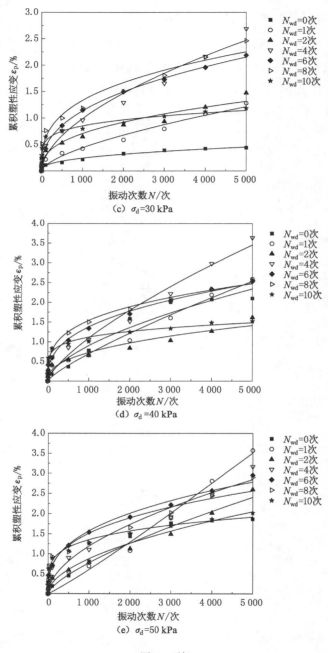

(c) $\sigma_d = 30$ kPa

(d) $\sigma_d = 40$ kPa

(e) $\sigma_d = 50$ kPa

图 8-5(续)

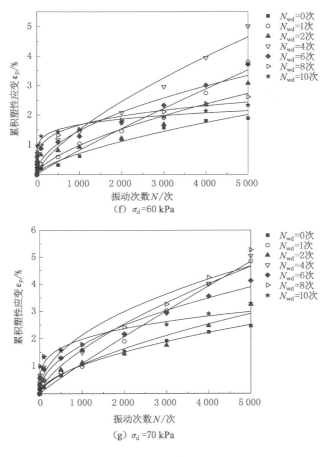

（f）σ_d=60 kPa

（g）σ_d=70 kPa

图 8-5(续)

表 8-1 累积塑性变形预测模型参数分析

动应力幅值 σ_d/kPa	湿-干循环次数 N_{wd}/次	初始塑性应变 A/%	累积塑性应变速率 b	R^2
10	0	0.005 0	0.371	0.997 08
	1	0.014 0	0.397	0.996 46
	2	0.021 0	0.414	0.998 35
	4	0.038 0	0.381	0.998 62
	6	0.034 0	0.415	0.998 19
	8	0.039 0	0.401	0.967 45
	10	0.026 0	0.362	0.929 51

表 8-1（续）

动应力幅值 σ_d/kPa	湿-干循环次数 N_{wd}/次	初始塑性应变 A/%	累积塑性应变速率 b	R^2
20	0	0.008 0	0.481	0.983 59
	1	0.018 0	0.438	0.988 99
	2	0.021 0	0.450	0.980 04
	4	0.065 0	0.366	0.994 22
	6	0.054 0	0.383	0.985 85
	8	0.046 0	0.428	0.990 70
	10	0.129 0	0.222	0.980 96
30	0	0.017 0	0.385	0.981 00
	1	0.006 0	0.632	0.961 99
	2	0.050 0	0.383	0.946 62
	4	0.020 0	0.567	0.958 59
	6	0.074 0	0.396	0.997 80
	8	0.141 0	0.325	0.954 77
	10	0.244 0	0.181	0.962 36
40	0	0.015 0	0.591	0.954 74
	1	0.003 0	0.799	0.958 03
	2	0.044 0	0.408	0.925 21
	4	0.008 0	0.711	0.951 87
	6	0.112 0	0.364	0.992 22
	8	0.203 0	0.293	0.994 16
	10	0.334 0	0.175	0.967 04
50	0	0.024 0	0.524	0.967 32
	1	0.000 3	1.088	0.962 41
	2	0.006 0	0.700	0.955 00
	4	0.029 0	0.538	0.929 36
	6	0.137 0	0.353	0.986 81
	8	0.160 0	0.325	0.905 41
	10	0.307 0	0.215	0.976 81

表 8-1(续)

动应力幅值 σ_d/kPa	湿-干循环次数 N_{wd}/次	初始塑性应变 A/%	累积塑性应变速率 b	R^2
	0	0.008 0	0.642	0.979 14
	1	0.002 0	0.902	0.961 52
	2	0.012 0	0.633	0.867 98
60	4	0.012 0	0.697	0.919 70
	6	0.045 0	0.506	0.905 08
	8	0.327 0	0.236	0.968 31
	10	0.593 0	0.151	0.942 50
	0	0.022 0	0.554	0.998 63
	1	0.002 0	0.925	0.983 39
	2	0.014 0	0.630	0.937 65
70	4	0.016 0	0.664	0.922 59
	6	0.059 0	0.490	0.959 20
	8	0.074 0	0.487	0.872 25
	10	0.339 0	0.255	0.937 39

由表 8-1 及图 8-5 可知，Monismith 模型可以很好地适用于不同湿-干循环次数、动应力幅值条件下粉土的累积塑性变形预测，其拟合优度均在 0.90 以上（除 $N_{wd}=8$、$\sigma_d=70$ kPa 试验组及 $N_{wd}=2$、$\sigma_d=60$ kPa 试验值外）。其中表示初始塑性应变的参数 A 范围为 $0.000\ 3\%\sim0.593\%$，表示累积塑性应变速率的参数 b 范围为 $0.151\sim1.088$。

8.3.3 Monismith 模型参数分析

8.3.3.1 湿-干循环次数 N_{wd} 对 Monismith 模型参数 A、b 的影响

对表 8-1 中数据进行整理，以湿-干循环次数为横坐标轴，Monismith 模型参数 A、b 为纵坐标轴绘制如图 8-6 所示曲线图，用以分析湿-干循环次数对参数 A、b 的影响。

分析图 8-6 可知：

（1）动应力幅值较小（$\sigma_d=10$ kPa、20 kPa）时，粉土初始塑性应变 A 随湿-干循环次数的增加呈现线性缓慢增长发展趋势，初始状态（$N_{wd}=0$ 次）粉土试样为 0.005%，0.008%，湿-干循环后试样初始塑性应变 A 的范围依次为 $0.014\%\sim0.039\%$，$0.018\%\sim0.129\%$；湿-干循环作用下，粉土累积塑性应变速率 b 变化

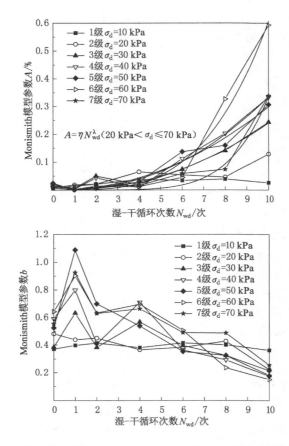

图 8-6　不同动应力幅值下粉土 Monismith 模型参数 A、b 随湿-干循环次数演化规律

较为平缓(除湿-干循环次数 $N_{wd}=10$ 次、$\sigma_d=20$ kPa 试验组外),其均值分别为 0.392 和 0.424,而 $\sigma_d=20$ kPa 试验组在 8~10 次湿-干循环过程中其累积塑性应变速率 b 表现出明显的衰减趋势但仍高于初始状态($N_{wd}=0$ 次)试样。这是因为经历 8~10 次湿-干循环后粉土端部出现明显软化,初始塑性应变较大,所以虽然其累积塑性应变速率小于初始状态,但振动 5 000 次后产生的累积塑性应变依旧大于初始状态($N_{wd}=0$ 次)粉土试样。

(2) 动应力幅值相对较大($\sigma_d=30$ kPa、40 kPa、50 kPa、60 kPa、70 kPa)时,初始塑性应变 A 随着湿-干循环次数的增加而增大的规律整体相似,符合如下表达式:

$$A = \eta N_{wd}^{\lambda} \qquad (8\text{-}9)$$

式中:η,λ 为试验参数,由动三轴试验数据拟合而来,其具体值详见表 8-2。

表 8-2　湿-干循环次数与 Monismith 模型参数 A 的关系

动应力幅值 σ_d/kPa	参数 η	参数 λ	R^2
30	0.001 3	2.279	0.935 57
40	0.001 6	2.338	0.964 26
50	0.002 4	2.101	0.960 73
60	0.000 2	3.514	0.967 45
70	6×10^{-7}	5.748	0.962 28

（3）动应力幅值 σ_d＝30 kPa、40 kPa、50 kPa、60 kPa、70 kPa 时，6 次湿-干循环为初始塑性应变 A 的一个拐点，其中 2～6 次湿-干循环过程中初始塑性应变 A 随湿-干循环次数的增加呈现出线性波动增长趋势，6～10 次湿-干循环过程中初始塑性应变 A 迅速增大，这可能是由于随着湿-干循环次数的增加，粉土试样端部软化程度加强，致使其初始塑性应变 A 增大。

（4）首次湿-干循环后，动应力幅值 σ_d＝30 kPa、40 kPa、50 kPa、60 kPa、70 kPa 条件下，粉土累积塑性应变速率 b 显著增大，而初始塑性应变 A 却明显减小，这可能是由于首次湿-干循环过程中，试样的整体性、均匀性相较于初始状态更好，导致首次振动作用下试样塑性应变较小，而随着振动次数的增加，试样内部结构破坏，累积塑性应变速率增加，两者综合作用下粉土抵抗动变形的能力减弱。

（5）在 2～10 次湿-干循环过程中，累积塑性应变速率 b 随湿-干循环次数的演化规律受动应力幅值影响较大。其中动应力幅值 σ_d＝30 kPa、40 kPa 试验组，4 次湿-干循环为增长节点，此后湿-干循环过程中累积塑性应变速率 b 迅速减小，且 10 次湿-干循环后尚未稳定，分别为初始状态的 47.0％、29.6％；动应力幅值 σ_d＝50 kPa、60 kPa、70 kPa 试验组累积塑性应变速率 b 随湿-干循环次数的增加整体呈线性衰减的发展趋势，10 次湿-干循环后分别为初始状态的 41.0％、23.5％、46.0％。

8.3.3.2　动应力幅值 σ_d 对 Monismith 模型参数 A、b 的影响

为了分析动应力幅值这一影响因素对粉土初始塑性应变 A 及累积塑性应变速率 b 的影响，以动应力幅值 σ_d 为横坐标轴，Monismith 模型参数 A、b 为纵坐标轴绘制如图 8-7 所示曲线。由图 8-7 可知：

（1）初始状态（N_{wd}＝0 次）粉土初始塑性应变 A、累积塑性应变速率 b 随着动应力幅值的增大呈线性缓慢波动增长趋势。

（2）经历 1 次、2 次、4 次湿-干循环后，粉土初始塑性应变 A 随动应力幅值的增加呈现出线性波动衰减发展趋势，而累积塑性应变速率 b 却呈现出线性缓

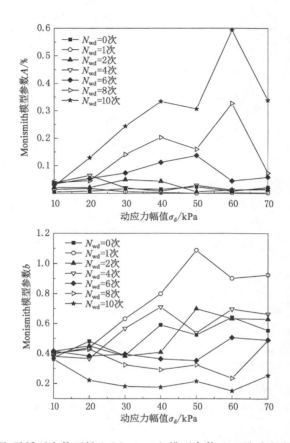

图 8-7　不同湿-干循环次数下粉土 Monismith 模型参数 A、b 随动应力幅值演化规律

慢波动增长发展趋势。因此,一定振动次数条件下粉土累积塑性应变随动应力幅值的变化规律与初始塑性应变 A 及累积塑性应变增长速率 b 两个参数有关。

　　(3) 当湿-干循环次数增加至 6 次、8 次、10 次时,粉土初始塑性应变 A 随着动应力幅值的增加呈现出先增长后衰减的发展趋势,其拐点分别为 50 kPa($N_{wd}=$ 6 次)、60 kPa($N_{wd}=8$ 次、10 次),而累积塑性应变速率 b 却随着动应力幅值呈现出先减小后增大的趋势,拐点与初始塑性应变 A 相同。

　　综上所述,湿-干循环后粉土累积塑性应变随动应力幅值的变化规律不仅取决于初始塑性应变 A,同时也取决于累积塑性应变的增长速率 b。

8.3.4　湿-干循环作用下粉土修正 Monismith 模型

　　铁路线路运营过程中,地基土体受到的动应力自路基面向下不断衰减,铁路专用线 B 路基基床厚度为 1.2 m,粉土层位于路基面以下约 3 m,动应力已经衰减了 80%~85%,其幅值为 11.4~16.35 kPa。故以动应力幅值 $\sigma_d=10$ kPa、20 kPa 试验组为例,考虑湿-干循环效应对粉土累积塑性变形经验预测模型(Monismith 模型)进行修正。由图 8-6 可知,动应力幅值 $\sigma_d=10$ kPa、20 kPa 试验组参数 A、b 随湿-干循环次数的增加变化规律不尽相同。为此,两试验组分开进行分析,具体分析如下。

8.3.4.1 动应力幅值 10 kPa 试验组

动应力幅值 $\sigma_d=10$ kPa 试验组 Monismith 模型参数 A、b 随湿-干循环次数的变化规律如图 8-8 所示。由图 8-8 可知:

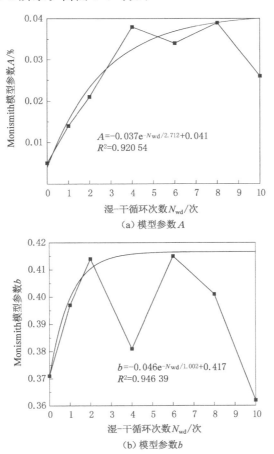

图 8-8 动应力 10 kPa 条件下 Monismith 模型参数 A、b 与湿-干循环次数的关系

（1）初始塑性应变 A 在前 8 次湿-干循环过程中呈增长趋势，其增长趋势可由式（8-10）表示，在 8～10 次湿-干循环过程中初始塑性应变 A 呈现出衰减趋势，粉土抵抗变形能力增强。

$$A = -0.037\mathrm{e}^{-N_{\mathrm{wd}}/2.712} + 0.041 \tag{8-10}$$

式中：$-0.037, 2.712, 0.041$ 均为试验拟合参数。

（2）累积塑性应变速率 b 在前 6 次湿-干循环过程中呈现出波动增长的发展趋势，其可用式（8-11）表示：

$$b = -0.046\mathrm{e}^{-N_{\mathrm{wd}}/1.002} + 0.417 \tag{8-11}$$

式中：$-0.046, 1.002, 0.417$ 均为试验拟合参数。

（3）6 次及 8 次湿-干循环后粉土累积塑性变形随振动次数的变化规律相同，可采用同一组经验模型表示，而 10 次湿-干循环后，粉土累积塑性变形减小，抵抗变形能力相对增强，故在进行列车振动荷载作用下粉土地基沉降预测计算时只考虑前 6～8 次湿-干循环导致的累积变形增大，即列车振动荷载（$\sigma_{\mathrm{d}} = 10\ \mathrm{kPa}$）和湿-干循环共同作用下粉土累积塑性变形预测模型可由式（8-12）表示：

$$\varepsilon_{\mathrm{p}} = AN^{b} \qquad N_{\mathrm{wd}} \leqslant 6 \tag{8-12}$$

式中：$A = A_1\mathrm{e}^{-N_{\mathrm{wd}}/A_3} + A_2$，$b = b_1\mathrm{e}^{-N_{\mathrm{wd}}/b_3} + b_2$。

8.3.4.2　动应力幅值 20 kPa 试验组

动应力幅值 $\sigma_{\mathrm{d}} = 20\ \mathrm{kPa}$，粉土 Monismith 模型参数 A、b 随湿-干循环次数的演化规律如图 8-9 所示。由图 8-9 可知：

（1）粉土在动应力幅值为 20 kPa 条件下累积塑性变形预测模型参数 $A(b)$ 在前 8 次湿-干循环过程中呈现出先增大（减小）后减小（增大）的趋势，且符合二次多项式［式（8-13）、式（8-14）］发展规律，其最高点对应的湿-干循环次数约为 5 次。

$$A = -0.002N_{\mathrm{wd}}^2 + 0.022N_{\mathrm{wd}} + 0.005 \qquad N_{\mathrm{wd}} \leqslant 8 \tag{8-13}$$

$$b = 0.005N_{\mathrm{wd}}^2 - 0.049N_{\mathrm{wd}} + 0.481 \qquad N_{\mathrm{wd}} \leqslant 8 \tag{8-14}$$

（2）8～10 次湿-干循环过程中，粉土初始塑性应变 A 虽骤然增大，为 8 次湿-干循环后的 2.8 倍，但累积塑性应变增长速率 b 却骤然减小，其衰减幅度达 48.1%。由图 8-5 可知，10 次湿-干循环后粉土累积塑性应变明显小于 8 次湿-干循环后试验组。在进行铁路粉土地基沉降预测时可仅考虑前 8 次湿-干循环。因此，动应力幅值 $\sigma_{\mathrm{d}} = 20\ \mathrm{kPa}$ 条件下粉土累积塑性变形预测模型可采用式（8-15）表示：

$$\varepsilon_{\mathrm{p}} = (c_1 N_{\mathrm{wd}}^2 + d_1 N_{\mathrm{wd}} + e_1) N^{(c_1 N_{\mathrm{wd}}^2 + d_1 N_{\mathrm{wd}} + e_1)} \qquad N_{\mathrm{wd}} \leqslant 8 \tag{8-15}$$

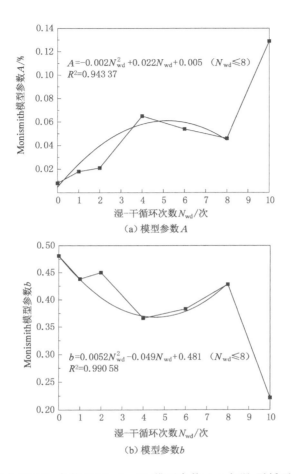

（a）模型参数 A

（b）模型参数 b

图 8-9　动应力 20 kPa 条件下 Monismith 模型参数 A、b 与湿-干循环次数的关系

本章参考文献

［1］肖军华,刘建坤. 循环荷载下粉土路基土的变形性状研究［J］. 中国铁道科学,2010,31
(1):1-8.

［2］聂如松,董俊利,梅慧浩,等. 考虑时间间歇效应的粉土动力特性［J］. 西南交通大学学报,
2021,56(5):1125-1134.

［3］YAN C L,SHI Y T,TANG Y Q. Orthogonal test and regression analysis of the strain on
silty soil in Shanghai under metro loading［J］. Environmental earth sciences,2017,76(14):
506.

［4］HOU C Y,CUI Z D,YUAN L. Accumulated deformation and microstructure of deep silty clay subjected to two freezing-thawing cycles under cyclic loading［J］. Arabian journal of geosciences,2020,13(12):452.

［5］WANG M,MENG S J,SUN Y Q. Experimental research on residual strain of silty clay under different dynamic stress［C］//11th International Forum on Strategic Technology (IFOST). Novosibirsk,Russia. IEEE,2016.

［6］LU Y,CHEN J,HUANG J H,et al. Post-cyclic mechanical behaviors of undisturbed soft clay with different degrees of reconsolidation［J］. Applied sciences,2021,11(16):7612.

［7］LEI H Y,LIU M,FENG S X,et al. Cyclic behavior of Tianjin soft clay under intermittent combined-frequency cyclic loading［J］. International journal of geomechanics,2020,20 (10):04020186.

［8］LIU Z Y,XUE J F. The deformation characteristics of a Kaolin clay under intermittent cyclic loadings［J］. Soil dynamics and earthquake engineering,2022,153:107112.

［9］刘文化,杨庆,唐小微,等. 干湿循环条件下粉质黏土在循环荷载作用下的动力特性试验研究［J］. 水利学报,2015,46(4):425-432.

［10］任克彬,王博,李新明,等. 低应力水平下土遗址力学特性的干湿循环效应［J］. 岩石力学与工程学报,2019,38(2):376-385.

［11］钟秀梅,王谦,刘钊钊,等. 干湿循环作用下粉煤灰改良黄土路基的动强度试验研究［J］. 岩土工程学报,2020,42(增刊1):95-99.

［12］BARKSDALE R D. Repeated load test evaluation of base course materials［R］. ［S. l.］: Institute of Technology,1972.

［13］MONISMITH C L,OGAWA N,FREEME C R. Permanent deformation characteristics of subgrade soils due to repeated loading［J］. Transportation research record,1975(537): 1-17.

［14］LI D Q,SELIG E T. Cumulative plastic deformation for fine-grained subgrade soils［J］. Journal of geotechnical engineering,1996,122(12):1006-1013.

［15］QIU Y J. Permanent deformation of subgrade soils laboratory investigation and application in mechanistic based pavement design［D］. Arkansas:University of Arkansas,1998.

［16］CHAI J C,MIURA N. Traffic-load-induced permanent deformation of road on soft subsoil［J］. Journal of geotechnical and geoenvironmental engineering,2002,128(11): 907-916.

［17］张勇. 武汉软粘土的变形特征与循环荷载动力响应研究［D］. 武汉:中国科学院武汉岩土力学研究所,2008.

［18］魏星,黄茂松. 交通荷载作用下公路软土地基长期沉降的计算［J］. 岩土力学,2009,30 (11):3342-3346.

［19］任华平,刘希重,宣明敏,等. 循环荷载作用下击实粉土累积塑性变形研究［J］. 岩土力学,2021,42(4):1045-1055.

［20］赵强,陈勇.长期循环荷载作用下粉质黏土动力特性及相关模型修正［J］.长江科学院院报,2018,35(12):123-128.

［21］XIONG Y L,LIU G B,ZHENG R Y,et al. Study on dynamic undrained mechanical behavior of saturated soft clay considering temperature effect［J］. Soil dynamics and earthquake engineering,2018,115:673-684.

［22］LI T,TANG X W,WANG Z T. Experimental study on unconfined compressive and cyclic behaviors of mucky silty clay with different clay contents［J］. International journal of civil engineering,2019,17(6):841-857.

［23］蒋红光.高速铁路板式轨道结构—路基动力相互作用及累积沉降研究［D］.杭州:浙江大学,2014.

［24］莫海鸿,单毅,李慧子,等.基于能量法的尾粉土累积应变增长方式研究［J］.岩土工程学报,2017,39(11):1959-1966.

9 湿-干循环作用下粉土动弹性变形特性演化规律

动弹性模量是反映振动荷载作用下地基土体沉降变形的重要指标之一,同时也可用于表征土体动刚度的大小[1],是地基动承载力及抗震设计的重要参数之一,对铁路地基设计具有重要意义。

列车振动荷载作用下粉土动弹性变形特性受围压、振动次数、动应力水平、振动频率、温度等因素的影响[2-4]。如 Li 等[5]研究了围压、振动次数、动应力幅值对冻结粉质黏土动模量的影响,Cui 等[6]研究了冻融循环作用对季节性冻土区非饱和粉质黏土动模量的影响。除了冻融循环作用外,铁路地基土体在服役期间同样会承受因雨旱交替、地下水位变化导致的湿-干循环作用。然而,动弹性模量作为铁路地基变形数值模拟的重要参数,有关湿-干循环作用下粉土动弹性变形特性的研究资料却不多见。为此,本章依托铁路专用线 B 工程粉土稳定控制需求,基于动三轴试验数据,研究了湿-干循环次数、动应力幅值、振动次数对徐州地区粉土动弹性应变及动弹性模量的影响,为铁路地基设计提供试验及理论支撑。

9.1 湿-干循环作用下粉土动弹性应变随振动次数演化规律

有关振动荷载作用下土体动弹性应变的计算,在《铁路工程土工试验规程》(TB 10102—2010)中给出了计算公式如式:

$$\varepsilon_e = \frac{\varepsilon_{N,\max} - \varepsilon_{N,\min}}{2} \qquad (9-1)$$

式中:ε_e 为第 N 次振动作用下土体产生的动弹性应变;$\varepsilon_{N,\max}$,$\varepsilon_{N,\min}$ 分别为第 N 个振动周期内土体最大和最小的轴向应变。

式(9-1)是基于理想应力-应变滞回曲线(图 9-1)建立的,而在线路运营过程中地基土体一般仅承受压力,处于不断沉降状态,同时依据第 8 章动三轴试验获得的滞回曲线(图 8-2)发现:粉土并不会受到拉应力作用产生负应变,每个振动周期内土体动弹性变形均为实际值,故采用式(9-2)计算粉土动弹性应变 ε_e 更为合理。

$$\varepsilon_e = \varepsilon_{N,\max} - \varepsilon_{N,\min} \tag{9-2}$$

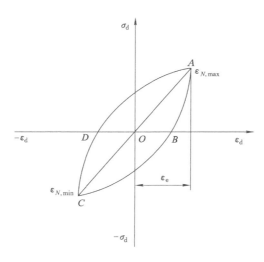

图 9-1　理想应力-应变滞回曲线

9.1.1　不同动应力幅值条件下粉土动弹性应变随振动次数的变化规律

为了分析不同动应力幅值条件下,粉土动弹性应变随湿-干循环次数、振动次数的演化规律,以振动次数为横轴,动弹性应变为纵轴,绘制如图 9-2 所示 ε_e-N 曲线。

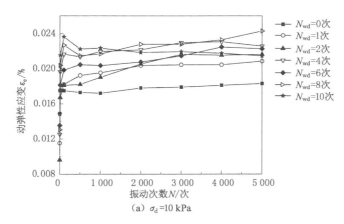

(a) σ_d=10 kPa

图 9-2　不同动应力幅值条件下粉土动弹性应变随振动次数、湿-干循环次数变化曲线

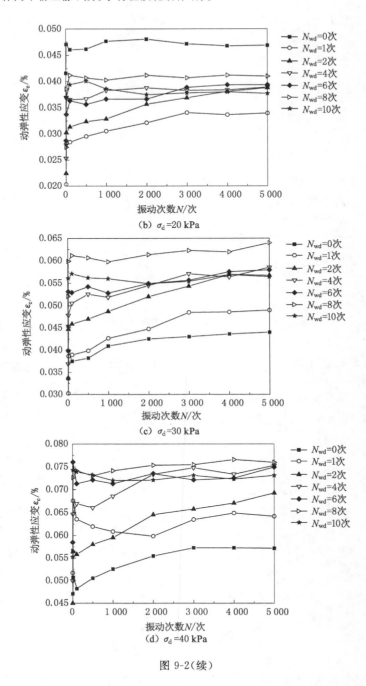

（b）σ_d=20 kPa

（c）σ_d=30 kPa

（d）σ_d=40 kPa

图 9-2（续）

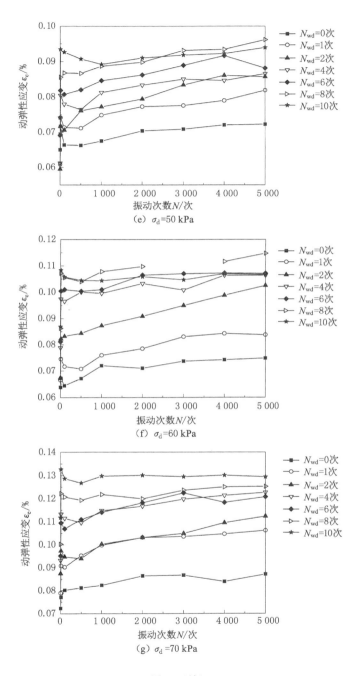

（e）σ_d=50 kPa

（f）σ_d=60 kPa

（g）σ_d=70 kPa

图 9-2（续）

分析图 9-2 可知:

(1) 同一动应力幅值和湿-干循环次数条件下粉土动弹性应变随着振动次数的增加整体呈现先波动增长后稳定的发展趋势。其中多数试验组在 $1\sim500$ 次振动过程中,动弹性应变迅速增大(振动次数 $N\leqslant100$)至峰值后缓慢线性减小;振动次数超过 500 次后,随着振动次数的增加,粉土动弹性应变逐渐趋于稳定,但仍会存在一定的波动现象。

(2) 同一动应力幅值试验组(除 $\sigma_d=20$ kPa 试验组),经历湿-干循环后,粉土动弹性应变逐渐偏离"振动次数"轴,即湿-干循环作用下,粉土动弹性应变增大,恢复变形能力相对增强,抵抗变形能力相对减弱。

(3) 动应力幅值为 20 kPa 试验组,经历湿-干循环后粉土动弹性应变减小,首次湿-干循环后衰减幅度最大,而在 $2\sim10$ 次湿-干循环过程中,粉土动弹性应变随着湿-干循环次数的增加呈现缓慢波动增长趋势,但是始终小于初始状态 ($N_{wd}=0$ 次)试样。

(4) 动应力幅值为 30 kPa、40 kPa、50 kPa、60 kPa 条件下,前 8 次湿-干循环过程中,随着承受湿-干循环次数的增多,同一振动次数下粉土动弹性应变呈现波动增长趋势,且增长幅度主要集中在初始 $2\sim4$ 次湿-干循环过程中,而 10 次湿-干循环后的动弹性应变减小,抵抗变形能力有所恢复。

9.1.2 不同湿-干循环次数条件下粉土动弹性应变随振动次数的变化规律

为了分析不同湿-干循环次数条件下粉土动弹性应变随动应力幅值、振动次数的变化规律,绘制如图 9-3 所示粉土 ε_e-N 曲线,由图 9-3 可知:

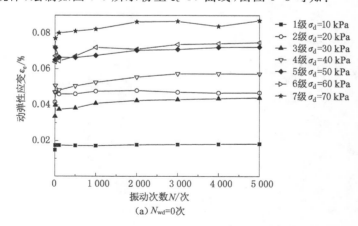

图 9-3 不同湿-干循环次数条件下粉土动弹性应变随振动次数、动力幅值变化曲线

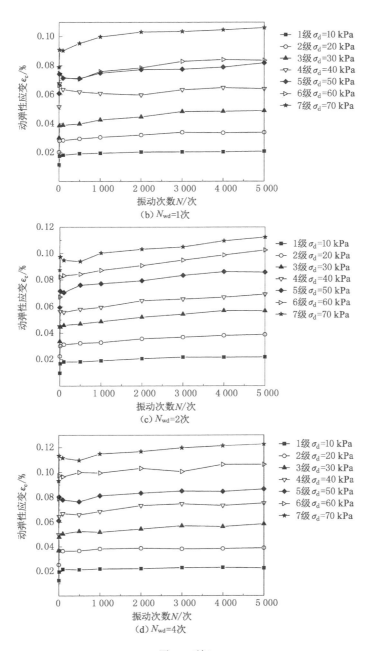

图 9-3(续)

湿-干循环作用下粉土静、动力学特性演化规律研究

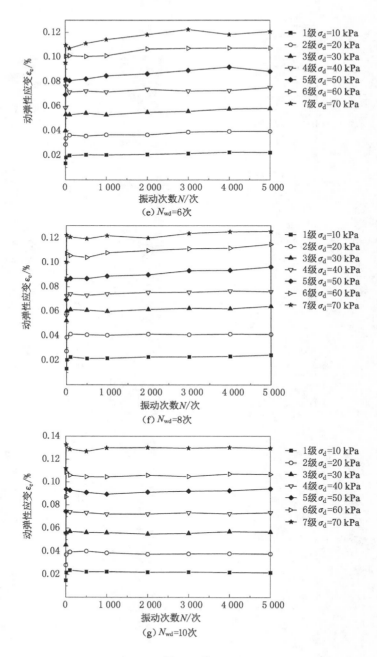

（e）$N_{wd}=6$次

（f）$N_{wd}=8$次

（g）$N_{wd}=10$次

图 9-3（续）

（1）相同振动次数和湿-干循环次数条件下,粉土动弹性应变随着动应力幅值的增长整体呈现出增大的发展趋势。

（2）初始状态(N_{wd}＝0 次)粉土在振动荷载作用下产生的动弹性应变发生了 3 次剧增,第一次为 10 kPa→20 kPa,增长了 0.025％,第二次为 30 kPa→50 kPa,增长了 0.028％,第三次则为 60 kPa→70 kPa,增长了 0.013％。

（3）同一振动次数下,经历湿-干循环后粉土动弹性应变随动应力幅值的增加急剧增长趋势减弱,其中 2～10 次湿-干循环过程中,动弹性应变随动应力幅值的增长近似呈现线性增长规律,并未出现急剧增长现象。

9.2　动弹性应变稳定值与湿-干循环次数、动应力幅值的关系

9.2.1　湿-干循环次数、动应力幅值对动弹性应变稳定值的影响

铁路施工及运营过程中,地基沉降监测精度为 0.1 mm。结合铁路专用线 B 的粉土层厚度大于 1 m,当粉土动弹性应变增长速率小于 0.1％/千次时,可认为动弹性应变已经稳定。由图 9-2、图 9-3 可知,振动 4 000 次后粉土动弹性应变与振动 5 000 次后最大差值不超过 0.005％,即增长速率为 0.005％/千次。故采用 4 000 次及 5 000 次振动后粉土动弹性应变平均值作为动弹性应变稳定值。

粉土动弹性应变稳定值随湿-干循环次数及动应力幅值演化规律如图 9-4 所示。由图 9-4 可知:

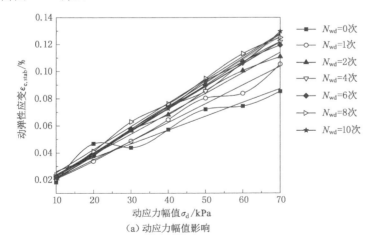

（a）动应力幅值影响

图 9-4　粉土动弹性应变稳定值与湿-干循环次数及动应力幅值演化规律

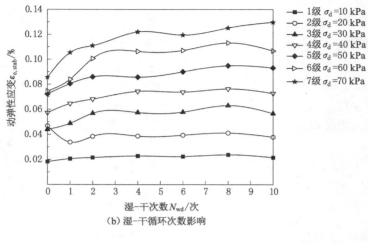

（b）湿-干循环次数影响

图 9-4（续）

（1）不同一湿-干循环次数下粉土动弹性应变稳定值 $\varepsilon_{e,stab}$ 随动应力幅值 σ_d 总体上呈线性关系，其关系符合如下表达式：

$$\varepsilon_{e,stab} = \varepsilon_0 + \varepsilon_1\sigma_d \tag{9-3}$$

式中：ε_0，ε_1 为试验参数，由动三轴试验取得，不同湿-干循环次数条件下参数值如表 9-1 所示。

表 9-1　$\varepsilon_{e,stab}$-σ_d 曲线拟合参数

湿-干循环次数 N_{wd}/次	参数 ε_0/%	参数 ε_1	R^2
0	0.016 1	0.001 0	0.916 77
1	0.007 3	0.001 4	0.986 04
2	0.008 7	0.001 5	0.994 30
4	0.006 6	0.001 7	0.997 13
6	0.007 2	0.001 6	0.997 85
8	0.008 2	0.001 7	0.995 59
10	0.002 8	0.001 8	0.997 56

由表 9-1 可知,随着湿-干循环次数的增加,所拟合直线的斜率增大,截距呈现出波动性减小的发展趋势。6~8 次湿-干循环后粉土动弹性应变趋于稳定,故对 6 次、8 次、10 次湿-干循环后粉土动弹性应变稳定值统一处理,其随动应力幅值的关系符合 $\varepsilon_d=0.005\ 7+0.0017\sigma_d$,拟合优度 R^2 高达 0.994 95。

(2) 同一湿-干循环次数下,粉土动弹性应变稳定值随动应力幅值的增加而增大,其中,各湿-干循环试验组动弹性模量稳定值范围为 0.018%~0.086%($N_{wd}=0$ 次)、0.021%~0.105%($N_{wd}=1$ 次)、0.022%~0.111%($N_{wd}=2$ 次)、0.023%~0.122%($N_{wd}=4$ 次)、0.022%~0.120%($N_{wd}=6$ 次)、0.024%~0.125%($N_{wd}=8$ 次)、0.022%~0.130%($N_{wd}=10$ 次)。

(3) 除动应力幅值为 20 kPa 试验组外,随着湿-干循环次数的增加,粉土动弹性应变稳定值呈现出先增大后趋于稳定的发展趋势,即经历湿-干循环后粉土恢复变形能力相对增强。

(4) 同一动应力幅值试验组,粉土动弹性应变稳定值增大或衰减($\sigma_d=20$ kPa 试验组)主要集中在初始 2 次湿-干循环过程中,其变化幅度依次为 18.5%、-17.9%(衰减)、29.6%、19.1%、19.1%、35.0%、29.8%;在 2~8 次湿-干循环过程,动弹性应变稳定值逐渐趋于稳定,但在 8~10 次循环过程中,却呈现出一定的衰减趋势。

(5) 随着动应力幅值的增加,湿-干循环次数对粉土动弹性应变稳定值的影响愈加明显。其中当动应力幅值 $\sigma_d=10$ kPa 时,湿-干循环后粉土动弹性应变最大差值小于 0.006%,而当动应力幅值增至 70 kPa 时,最大差值高达 0.05%。

9.2.2 动力作用下粉土动弹性应变演化机理

由试验结果可知,振动次数、动应力幅值、湿-干循环次数均对粉土动弹性应变产生了显著影响。针对三个因素对粉土动弹性应变影响机理分别进行分析,分析结果表明:

(1) 相同初始状态粉土动弹性应变随振动次数的增加呈现先波动增长后趋于稳定的发展趋势。依据动弹性应变演化规律,振动过程主要可以分为两个阶段:一是振动初期(振动次数 $N=1\sim500$ 次),动弹性应变波动增长,这是由于实际加载动应力幅值要稍小于设定值,产生的累积变形较小,试样虽未破坏,但结构发生变化,孔隙减小,试样刚度减小,动弹性应变随之增加;二是稳定阶段($N=500\sim5\ 000$ 次),随着振动次数的增加,试样压至最密,累积变形增大,试样结构破坏后重新排列[7],粉土刚度趋于稳定,动弹性应变趋于稳定。

(2) 随着湿-干循环次数的增加,粉土动弹性应变表现出先增大后稳定的发展趋势。这主要是由于初始 4 次湿-干循环作用下粉土试样端部软化,动刚度减小,抵抗变形能力减弱,动弹性应变增大,而随着湿-干循环次数的增多($N_{wd} \geqslant 6$ 次),试样端部结构趋于稳定,孔隙密度变化不再明显,试样动刚度趋于稳定,动弹性应变增长幅度减小并趋于定值。粉土动弹性应变虽然趋于稳定,但随着湿-干循环次数的增加,试样端部软化程度不同,致使试样累积塑性应变出现波动,进而导致 $6 \sim 10$ 次湿-干循环后粉土累积变形并未完全趋于稳定。

9.3　湿-干循环作用下粉土动弹性模量演化规律

振动荷载作用下粉土动弹性模量可由式(9-4)计算:

$$E_d = \frac{\sigma_d}{\varepsilon_e} \tag{9-4}$$

式中:σ_d 为动应力幅值,kPa;ε_e 为动弹性应变,%。

试验过程中,由于仪器本身存在一定的精度误差导致在振动荷载加载过程中其幅值并非一定值,而是围绕设定幅值表现出上下波动的形式,其误差值为 ± 1 kPa,故在进行动弹性模量分析时可直接采用原始试验数据进行计算。

9.3.1　粉土动弹性模量随振动次数演化规律

不同湿-干循环次数、动应力幅值条件下粉土动弹性模量随振动次数的变化规律如图 9-5 所示。

分析图 9-5(a)~(g)可知:

(1) 振动初期($N = 1 \sim 100$ 次),粉土动弹性模量迅速衰减至最低值,在此后的振动过程中,动弹性模量呈现缓慢波动衰减趋势,且在 $4\,000 \sim 5\,000$ 次振动后,动弹性模量趋于稳定,其最大差值为 24 MPa。

(2) 动应力幅值为 10 kPa 试验组粉土在 100 次振动后,动弹性模量随湿-干循环次数的增长呈现出明显的衰减趋势。

(3) 动应力幅值为 20 kPa 试验组,首次湿-干循环后,粉土动弹性模量显著增大,此后湿-干循环过程中动弹性模量表现出减小的趋势,但 10 次湿-干循环后粉土动弹性模量仍大于初始状态($N_{wd} = 0$ 次)。

(4) 动应力幅值为 30 kPa、40 kPa、50 kPa、60 kPa、70 kPa 试验组在前 8 次湿-干循环过程中,随着湿-干循环次数的增加,粉土动弹性模量减小,但 10 次湿-干循环后试样动弹性模量回增,粉土动刚度相对增大,抵抗变形能力相对增强。

分析图 9-5(h)~(n)可知:

(1) 同一振动次数和湿-干循环次数条件下粉土动弹性模量随动应力幅值

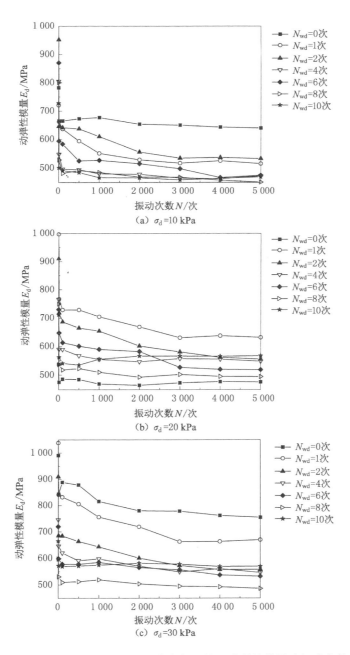

（a）σ_d=10 kPa

（b）σ_d=20 kPa

（c）σ_d=30 kPa

图 9-5 不同湿-干循环次数、动应力幅值条件下粉土动弹性模量随振动次数变化规律

湿-干循环作用下粉土静、动力学特性演化规律研究

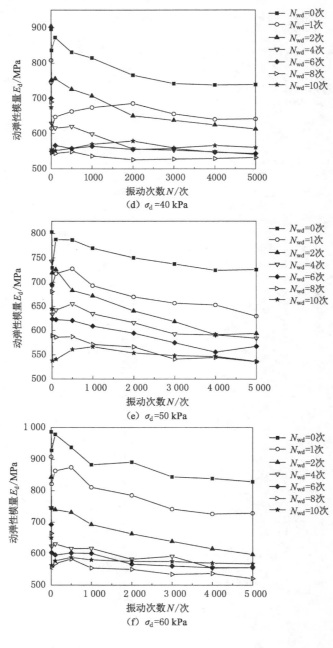

（d）σ_d=40 kPa

（e）σ_d=50 kPa

（f）σ_d=60 kPa

图 9-5（续）

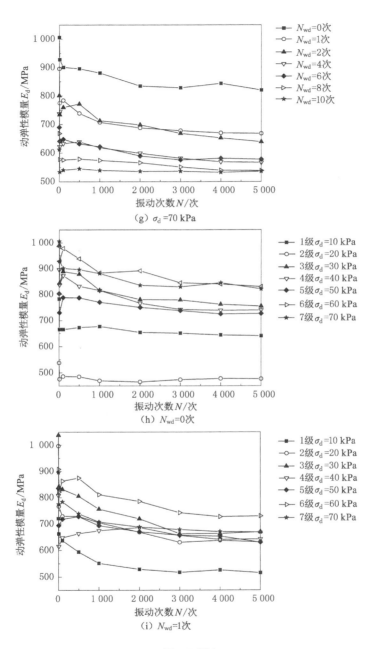

（g）$\sigma_d = 70$ kPa

（h）$N_{wd} = 0$次

（i）$N_{wd} = 1$次

图 9-5（续）

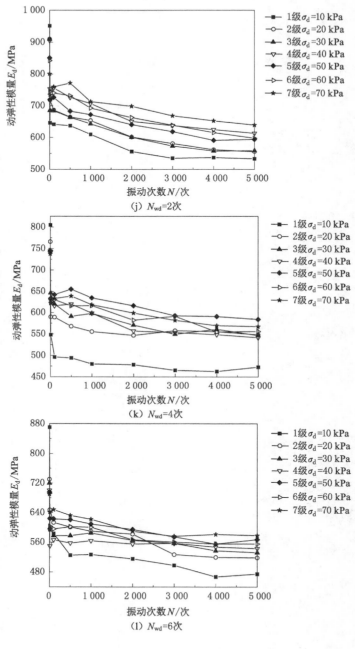

(j) N_{wd}=2次

（k）N_{wd}=4次

（l）N_{wd}=6次

图 9-5（续）

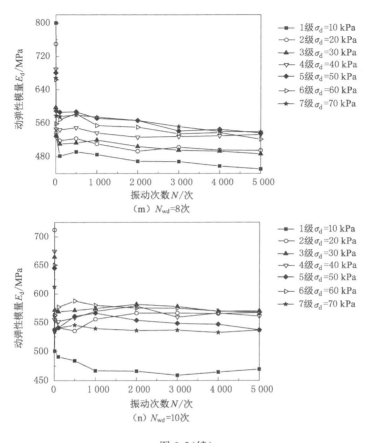

图 9-5（续）

的变化规律性较弱，具有较强的波动性。

（2）初始状态（$N_{wd}=0$ 次）粉土动弹性模量在动应力幅值 20 kPa 条件下最小，动应力幅值 $\sigma_d=30\sim70$ kPa 条件下，动弹性模量随动应力幅值的增大呈现出缓慢波动增长的趋势。

（3）湿-干循环作用下，粉土动弹性模量在前 6 级动应力幅值条件下随动应力增加呈现出缓慢波动增长趋势，而在动应力幅值为 70 kPa 条件下，粉土动弹性模量减小，动刚度相对减小。

9.3.2　粉土初始动弹性模量随湿-干循环次数演化规律

图 9-6 所示为粉土初始动弹性模量随湿-干循环次数、动应力幅值的变化规律。由图 9-6 可知：

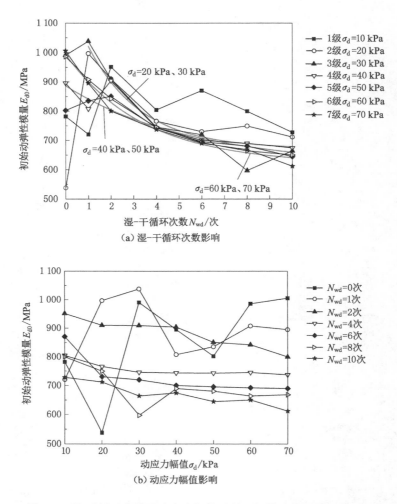

图 9-6　湿-干循环次数及动应力幅值对粉土初始动弹性模量的影响

（1）动应力幅值为 10 kPa 时，粉土初始动弹性模量在首次湿-干循环过程显著减小，降低了约 62 MPa；2～10 次湿-干循环过程中初始动弹性模量呈现出先增大后减小的发展趋势，10 次湿-干循环后初始动弹性模量较初始状态减小了约 54 MPa，为初始状态的 93.07%。

（2）动应力幅值为 20 kPa、30 kPa、40 kPa、50 kPa、60 kPa、70 kPa 时，粉土初始动弹性模量随着湿-干循环次数的增加呈现出先减小后稳定的发展趋势（除 $N_{wd}=0$ 次），而动应力幅值为 20 kPa 与 30 kPa、40 kPa 与 50 kPa、60 kPa 与 70 kPa

试验组发展规律类似,总体规律符合如下表达式:

$$E_{d0} = E_1 + k e^{-N_{wd}/t} \tag{9-5}$$

式中:E_1,k,t 为试验参数,由动三轴试验拟合得到,其值如表 9-2 所示。

表 9-2　初始动弹性模量拟合参数

动应力幅值 σ_d/kPa	参数 E_1	参数 k	参数 t	R^2
20、30	671.51	537.46	2.33	0.908 14
40、50	614.89	271.96	5.56	0.929 89
60、70	620.33	373.69	3.48	0.986 52

（3）湿-干循环次数为 0 次、1 次粉土初始动弹性模量随着动应力幅值的增加整体呈现增长趋势,其中在 2～4 级动应力幅值作用下波动性较强,而 6～7 级动应力幅值作用下初始动弹性模量相近,均值为 996 MPa、901 MPa。

（4）8～10 次湿-干循环后,粉土初始动弹性模量趋于稳定,初始动弹性模量最大差值为 72 MPa,其均值依次为 764 MPa、730.89 MPa、630.92 MPa、682.30 MPa、662.86 MPa、657.45 MPa、640.49 MPa。

（5）随着湿-干循环次数的增加,粉土初始动弹性模量受动应力幅值的影响减小。2 次湿-干循环后粉土初始动弹性模量随着动应力幅值的增加呈现线性波动衰减发展趋势,湿-干循环次数越多,线性相关度越强。这可能是由于湿-干循环作用下试样孔隙分布更加均匀,使得试验结果规律性更显著。

9.3.3　粉土动弹性模量稳定值随湿-干循环作用演化规律

由图 9-5 可知,经过 4 000 次振动后,不同状态粉土动弹性模量已经趋于稳定,其值记为 $E_{d,stab}$。粉土动弹性模量稳定值随湿-干循环次数、动应力幅值的演化规律如图 9-7 所示。由图 9-7 可知:

（1）不同动应力条件下(除 $\sigma_d = 20$ kPa、$N_{wd} = 0$ 次试验组),粉土动弹性模量稳定值随着湿-干循环次数增加呈现的衰减发展趋势整体相似,符合如下拟合表达式:

$$E_{d,stab} = E_2 + k_1 e^{-N_{wd}/t_1} \tag{9-6}$$

式中:$E_{d,stab}$ 为振动后粉土动弹性模量稳定值;E_2,k_1,t_1 为试验参数,由动三轴试验拟合得到,其值如表 9-3 所示。

湿-干循环作用下粉土静、动力学特性演化规律研究

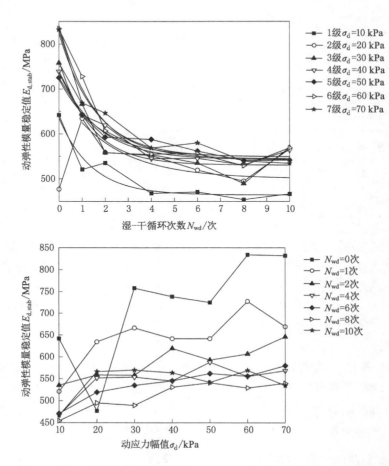

图 9-7　粉土动弹性模量稳定值随湿-干循环次数、动应力幅值演化规律

表 9-3　动弹性模量稳定值拟合参数

动应力幅值 σ_d/kPa	参数 E_2	参数 k_1	参数 t_1	R^2
10	464.15	171.30	1.39	0.929 58
20	500.07	194.02	2.27	0.905 79
30	530.38	232.82	1.38	0.906 45
40	542.48	195.72	1.66	0.944 78
50	548.82	172.97	1.72	0.952 20
60	544.37	297.55	1.55	0.956 10
70	548.82	275.84	1.57	0.952 67

（2）同一级动应力条件下（除 $\sigma_d = 20$ kPa），粉土动弹性模量稳定值在首次湿-干循环过程中衰减最为严重，其中第 1 级动应力幅值条件下首次湿-干衰减幅度为 18.86%，第 3～7 级动应力幅值条件下依次为 12.09%、13.15%、11.54%、12.70%、19.53%。

（3）在 20 kPa 动应力条件下，首次湿-干循环后粉土动弹性模量稳定值增大，增长幅度为 32.9%，1～10 次湿-干循环过程中动弹性模量稳定值 $E_{d,stab}$ 符合式（9-6）所示衰减规律，10 次湿-干循环后，其仍高于初始状态（$N_{wd} = 0$ 次）试验组。

（4）同一湿-干循环次数下粉土动弹性模量稳定值随着动应力幅值的增长整体呈现增长趋势，且经历的湿-干循环次数越多，动弹性模量稳定值波动幅度越小，10 次湿-干循环后粉土在第 2～7 级动应力幅值条件下相邻两级动弹性模量稳定值最大变化幅度为 6%。

湿-干循环作用下粉土动弹性模量最大衰减幅度高达 35.76%，动刚度明显减小，抵抗变形能力减弱，极易引起地基出现较大动弹性变形，进而降低线路运营过程中的舒适度、安全性。因此，在进行高速铁路、客运专线铁路粉土地基设计、施工时一定要注意由地下水位升降、雨旱交替等因素引起的湿-干循环作用对其动刚度的影响。

9.4　动弹性模量稳定值 $E_{d,stab}$-动弹性应变稳定值 $\varepsilon_{e,stab}$ 经验公式

由图 9-2、图 9-3 和图 9-5 可知，同一湿-干循环次数、动应力幅值条件下，经过 4 000～5 000 次振动后，粉土动弹性应变、动弹性模量趋于稳定。而动弹性模量 $E_{d,stab}$-动弹性应变 $\varepsilon_{e,stab}$ 关系是现有土体动力特性的重要研究内容之一，但考虑湿-干循环作用下粉土 $E_{d,stab}$-$\varepsilon_{e,stab}$ 关系的研究较少。为此本节针对经过不同湿-干循环次数后粉土 $E_{d,stab}$-$\varepsilon_{e,stab}$ 关系进行了研究。

由式（9-3）可知，同一湿-干循环次数下粉土动弹性应变稳定值与动应力幅值符合线性关系，且拟合度均在 0.9 以上，其中当湿-干循环次数大于或等于 2 次时，拟合度高达 0.99，由式（9-3）可得：

$$1 = \varepsilon_1 E_{d,stab} + \frac{\varepsilon_0}{\varepsilon_{e,stab}} \tag{9-7}$$

$$E_{d,stab} = \frac{\varepsilon_{e,stab} - \varepsilon_0}{\varepsilon_1 \varepsilon_{d,stab}} \tag{9-8}$$

由式（9-8）可知，动弹性模量稳定值与动弹性应变稳定值之间的关系符合反

比例函数,即动弹性模量稳定值随着动弹性应变稳定值的增加呈现先增大后稳定的发展趋势,这与图 9-7 所示的粉土动弹性模量稳定值发展规律相同。$6 \sim 10$ 次湿-干循环过程中,粉土动弹性应变稳定值趋于稳定,所以在建立 $E_{d,stab}$-$\varepsilon_{e,stab}$ 经验公式时,以 6 次湿-干循环为分界点进行计算。其中,湿-干循环次数 N_{wd} 少于 6 次时,拟合参数 ε_0、ε_1 随湿-干循环次数的发展规律符合如下拟合公式(如图 9-8 所示):

$$\begin{cases} \varepsilon_0 = 0.007\ 63 + 0.008\ 47 e^{-N_{wd}/0.014\ 36} \\ \varepsilon_1 = 0.001\ 73 - 7.25 \times 10^{-4} e^{-N_{wd}/1.488\ 49} \end{cases} \quad (9\text{-}9)$$

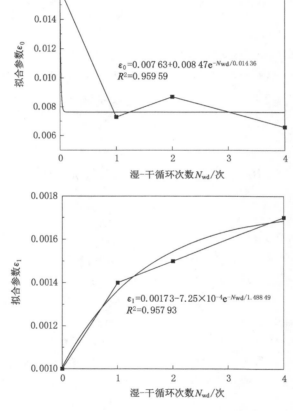

图 9-8　拟合参数 ε_0、ε_1 随湿-干循环次数演化规律($N_{wd} < 6$)

当 $6 \leqslant N_{wd} \leqslant 10$ 次时,$\varepsilon_0 = 0.005\ 74$,$\varepsilon_1 = 0.001\ 72$。

故湿-干循环作用下粉土动弹性模量稳定值与动弹性应变稳定值的关系可

由下式表示：

$$\begin{cases} E_{d,stab} = \dfrac{\varepsilon_{e,stab} - (0.007\,63 - 0.084\,7e^{-N_{wd}/0.014\,36})}{(0.001\,73 - 7.25 \times 10^{-4}e^{-N_{wd}/1.488\,49})\varepsilon_{e,stab}} & (0 \leqslant N_{wd} < 6) \\ E_{d,stab} = (\varepsilon_{e,stab} - 0.005\,74)/(0.001\,72\varepsilon_{e,stab}) & (6 \leqslant N_{wd} \leqslant 10) \end{cases} \quad (9\text{-}10)$$

为验证式(9-10)的可行性，以 4 次、10 次湿-干循环后粉土动弹性应变稳定值、动弹性模量稳定值为例进行计算，结果如表 9-4 所示。

表 9-4　湿-干 4,10 次粉土试样拟合结果

湿-干循环次数 N_{wd}/次	动应力 σ_d/kPa	实测 $\varepsilon_{e,stab}$/%	计算 $\varepsilon_{e,stab}$/%	误差/%	实测 $E_{d,stab}$/MPa	计算 $E_{d,stab}$/MPa	误差/%
4	10	0.022 8	0.024 4	7.02	468	409	12.61
	20	0.038 6	0.041 2	6.74	552	485	12.14
	30	0.057 4	0.058 0	1.05	554	517	6.68
	40	0.074 3	0.074 9	0.81	545	534	2.02
	50	0.085 6	0.091 7	7.13	588	545	7.31
	60	0.106 3	0.108 5	2.07	555	553	0.36
	70	0.122 0	0.125 3	2.70	568	559	1.58
10	10	0.021 6	0.022 9	6.02	467	436	6.64
	20	0.037 8	0.040 1	6.08	566	498	12.01
	30	0.056 6	0.057 3	1.24	570	523	8.25
	40	0.072 7	0.074 5	2.48	564	537	4.79
	50	0.093 1	0.091 7	1.50	542	545	0.55
	60	0.106 8	0.108 9	1.97	569	551	3.16
	70	0.129 7	0.126 1	2.78	534	555	3.93

由表 9-4 可知，采用式(9-10)计算得到的粉土动弹性应变稳定预测值与实测值误差小于 10%，动弹性模量稳定预测值与实测值误差最大为 12.61%，但多数试验组数据误差在 10% 以下。岩土工程试验具有一定的离散性，故存在少数较大误差的试验组在工程实践中是可以接受的，即采用式(9-10)预测湿-干循环作用下粉土动弹性应变稳定值 $\varepsilon_{e,stab}$ 与动弹性模量稳定值 $E_{d,stab}$ 是可行的。

本章参考文献

[1] ZHANG X D, LIU J S, LAN C Y. A test research on dynamic characteristics about

subgrade soils under train loads[C]//International conference on railway engineering: high-speed railway,heavy haul railway and urban rail transit. Beijing,2010.

[2] 刘干斌,谢琦峰,高京生,等. 动荷载作用下重塑黏质粉土的弹性变形研究[J]. 振动与冲击,2018,37(10):255-260.

[3] LIN B,ZHANG F,FENG D C. Long-term resilient behaviour of thawed saturated silty clay under repeated cyclic loading:experimental evidence and evolution model[J]. Road materials and pavement design,2019,20(3): 608-622.

[4] ZHANG Z,CHEN Y G,YE G B,et al. Empirical method for evaluating resilient modulus of saturated silty clay under cyclic loading[J]. Advances in civil engineering,2020(2): 1-12.

[5] LI Q L,LING X Z,HU J J,et al. Residual deformation and stiffness changes of frozen soils subjected to high- and low-amplitude cyclic loading[J]. Canadian geotechnical journal,2019,56(2):263-274.

[6] CUI G H,CHENG Z,ZHANG D L,et al. Effect of freeze-thaw cycles on dynamic characteristics of undisturbed silty clay[J]. KSCE journal of civil engineering,2022,26(9):3831-3846.

[7] LUNNE T,BERRE T,ANDERSEN K H,et al. Effects of sample disturbance and consolidation procedures on measured shear strength of soft marine Norwegian clays[J]. Canadian geotechnical journal,2006,43(7):726-750.

10 湿-干循环作用下铁路粉土
地基动力稳定性评价

10.1 铁路路基动力稳定性评价方法

铁路路基的动力稳定性,是指在设计生命周期内,道砟、基床和地基土在火车运营动力荷载作用下不发生明显的颗粒重分布、颗粒粉碎现象及相应的塑性变形,即路基始终处在低后续变形状态。颗粒重分布和颗粒粉碎现象是指同一材料内部土结构对动力作用的反应和结果。不同材料的界面在动力荷载作用下也可能发生接触侵蚀,导致土结构发生变化而产生附加变形。如果动力荷载和水同时出现,那么情况会更坏。路基的动力稳定根据动载作用时间的长短可分为短期动力稳定和长期动力稳定两类。按试验方法的不同,评价路基动力稳定性有以下两种形式:① 通过现场动力试验直接检验路基的长期动力稳定性;② 通过室内共振柱试验分析土样在运营条件的动剪应变长期作用下其结构(骨架)的稳定性。目前评价铁路路基动力稳定性的方法主要有临界动应力法、有效振速法、动剪应变法。长期以来,我国在铁路路基设计中基本上采用临界动应力法,而德国、法国、美国等国在路基设计中主要采用有效振速法和动剪应变法。但因存在诸多尚未解决的问题或现有的一些成果还需工程实践的进一步验证,上述三种路基动力稳定性评价方法都未列入正式规范。目前关于高速铁路路基的动力稳定性评价,从试验到理论,都非常不完善,可以说还处于起步阶段,仍需进行更广泛、更深入的试验和理论等方面的研究,并在工程实践中不断地检验和完善。

10.1.1 临界动应力法

临界动应力法是一种以动强度为控制指标的路基长期动力稳定性评价方法。过去在普通有砟轨道路基设计中,考虑路基动力响应的影响,把临界动应力 σ_{dcr} 作为确定路基基床换填厚度及评价路基动力稳定性的控制指标之一。如果基床实际动应力 σ_d 小于基床地层的临界动应力 σ_{dcr},即满足 $\sigma_d < \sigma_{dcr}$,则基床累积

永久变形便会得到有效的控制[1-2]。这个概念启发我们，各种不同的基床结构型式包括基床的厚度和基床加固厚度（换填厚度）的设计都应当使基床内产生的实际动应力 σ_d 控制在临界应力 σ_{dcr} 的范围内。

高速铁路路基对变形的要求非常高，路基在达到强度破坏前，可能已经出现了不能容许的过量变形。特别是无砟轨道，对工后沉降的控制非常严格，运营荷载引起的允许附加沉降要求控制 5 mm 内。路基土中动应力满足临界动应力的要求，只表明地基塑性变形速率逐渐缓慢最后达到稳定状态，但是其塑性变形可能超过无砟轨道允许的沉降要求。因此，采用临界动应力评价高速铁路无砟轨道路基的长期动力稳定性是否可行，还需采用其他评价方法的对比验证。

10.1.2 有效振速法

德国铁路公司 DB 在 1997 版的 DS 836 草案中引入了以临界有效振速为控制参数的动力稳定性分析方法，这种方法简称为有效振速法。

10.1.2.1 评价准则

DS 836 草案着重阐述了振速的三种临界状态。对于无黏性土路基采用振速的第一临界状态及振速的第二临界状态进行动态稳定性评判，评判准则见式(10-1)及式(10-2)。式(10-1)能确保无黏性土地基结构没有变化，即没有产生塑性变形；式(10-2)能证明无黏性土地基是否达到极限破坏。

$$K_{dyn1} V_{res,eff,z} < V_{krit1} \qquad \text{第一临界状态} \qquad (10-1)$$

$$K_{dyn2} V_{res,eff,max} < V_{krit2} \qquad \text{第二临界状态} \qquad (10-2)$$

式中：K_{dyn1}、K_{dyn2} 分别第一、第二临界状态下的动力安全系数，取 $K_{dyn1} = 1.4$；$K_{dyn2} = 1.2$。$V_{res,eff,z}$、$V_{res,eff,max}$ 分别为有效振速和有效振速最大值；V_{krit1}、V_{krit2} 分别为第一及第二临界振速，一般认为，第二临界振速等于第一临界振速，即 $V_{krit2} = V_{krit1}$。

对于黏性土及有机土，采用振速的第三临界状态进行评判，评判准则见式(10-3)。

$$K_{dyn3} V_{res,eff,z} < V_{krit3} \qquad \text{第三临界状态} \qquad (10-3)$$

式中：K_{dyn3} 为第三临界状态下的动力安全系数，取 $K_{dyn3} = 1.5$。一般认为，对于正常固结黏性土，第三临界振速 V_{krit3} 按式(10-4)计算，对于欠固结黏性土，取 $V_{krit3} < 3$ mm/s。

$$V_{krit3} = \xi I_c^{1.5} \qquad (10-4)$$

式中：I_c 为稠密指数，式按(10-5)计算；ξ 为参考速度，正常固结土取 $\xi = 40$ mm/s，欠固结土取 $\xi = 25$ mm/s。

$$I_c = \frac{W_L - W}{W_L - W_p} \tag{10-5}$$

式中:W_L 为土的液限;W_p 为土的塑限;W 为土的天然含水量。

10.1.2.2 有效振速的确定

有效振速 $V_{res,eff,z}$ 随深度 z 的增大而减小,确定方法有两种:一种是进行现场动载实测;另一种可根据式(10-6)近似计算,要求估算值与现场实测结果一致。

$$V_{res,eff,z} = V_{res,eff,SU}\, e^{-\varepsilon z} \tag{10-6}$$

式中:z 为从路基面起算的路基土深度,m;ε 为路基及下层土的吸收系数,对有砟板式轨道约为 0.5,无砟板式轨道约为 0.2;$V_{res,eff,SU}$ 为路基面处总有效振速,mm/s,主要与列车速度、施工及其他物理参数有关,可用专门的动态有限元程序,如 SOFISTIK、ANSYS、ABAQUS、PLAXIS 等有限元法以及类似程序计算出 $V_{res,eff,SU}$ 值的典型范围,也可按实测数据拟合的经验公式[式(10-7)][3]近似计算或按德国 DS 836 草案推荐的不同车速、不同轨道、不同地质情况下轨底处总有效振速参考值选用,见表 10-1。

$$V_{res,eff,SU} = K_1 e^{K_2 V_e} \tag{10-7}$$

式中:V_e 为火车行驶速度,km/h;K_1 和 K_2 为经验常数,按表 10-2 取值。通常,有砟板式轨道下路基面处有效振速 $V_{res,eff,SU}$ 可取值为 6~16 mm/s,无砟板式轨道 $V_{res,eff,SU}$ 值通常为 1~8 mm/s,显然,无砟板式轨道应力分布较均匀,$V_{res,eff,SU}$ 值相对较小,更有利于路基及其下土层的动态稳定性。

表 10-1 路基面($z=0$)处有效振速 $V_{res,eff,SU}$ 经验值[4]

上部结构型式	区域	地基情况	城际列车 ICE 车速/(km/h)					其他车型 车速/(km/h)			
			100	160	200	250	300	60	100	160	200
无砟轨道	均匀	有利情况	4	6	8	10	12	3	5	8	10
	区段	不利情况	5	8	10	13	15	4	6	10	12
	潜在	有利情况	5	8	10	13	15	4	6	10	12
	扰动段	不利情况	7	11	14	18	21	5	8	13	16
有砟轨道	均匀	有利情况	7	11	14	18	21	6	9	14	16
	区段	不利情况	9	14	18	23	27	7	11	18	22
	潜在	有利情况	11	17	22	28	33	8	14	22	28
	扰动段	不利情况	13	21	16	33	39	10	16	26	32

表 10-2　GOTSCHOL 经验常数[3]

经验常数	有砟轨道上部结构		无砟板式轨道
	有利的轨道位置	不利的轨道位置	
K_1	0.9	0.9	0.2
K_2	0.007 5	0.009	0.011

　　由于德国 DS 836 草案建议的地基动力稳定性验算方法,是以动力设备基础下某种砂土试验结果为基础结合经验提出的,并扩展到其他土类。对铁路路基,它缺乏充分的理论依据和支撑,其普遍适用性尚待工程实践的全面检验。所以,2000 版的德国铁路路基指南 Ril 836 没有采纳该方法。尽管目前发行的 Ril 836 没有采纳 DS 836 草案的方法,但为了保证铁路建设与运营维护的安全性和经济性,铁路路基的设计原则上应考虑运营交通动力荷载的影响,对某些不利的路基情况,应请有关方面专家对其动力稳定性进行具体的分析和验证。但是,Ril 836 没有给出具体的分析证明方法,因此,路基动力稳定性分析的理论和方法尚待进一步发展。

10.1.3　动剪应变法

　　过去对普通铁路路基特别是基床部分可能产生的变形影响认识不足,路基设计以强度作为控制指标,认为铁路路基只要能保证强度稳定就能满足工程要求[1-2]。对于无砟轨道高速铁路,对路基变化控制要求非常严格,运营阶段的附加沉降不能超过 5 mm。如此微小的沉降,即使路基满足动强度要求,也无法满足动变形要求。在 20 世纪末 21 世纪初,高速铁路技术相对先进的德国出现了以动剪应变作为路基设计控制指标的动力稳定性评价方法,该方法是由胡一峰首先提出的,他综合室内动力试验、现场动力测试及理论分析,系统地提出了以动剪应变为控制指标的路基长期动力稳定性方法,称为动剪应变法[4-6]。短时及疲劳动剪应变门槛是动剪应变法的两个重要参数,前者用于评价路基的短时动力稳定性,后者用于评价路基的长期动力稳定性。此法已用于部分德国高速铁路路基的长期动力稳定性评价,并且证明是可行的。

10.1.3.1　理论基础

　　土动力学研究表明[7-8],当动剪应变幅值超过某一临界值时,土结构将发生永久塑性变形,即发生塑性体积应变,土体动力失稳。即动剪应变能反映土体不可恢复的永久(塑性)变形。根据剪切波传播理论,动剪应变幅值可表示为振动速度与剪切波速的比值,是一个无量纲参数。动剪应变同时反映了动力荷载的大小(振动速度)和路基土的动力刚度(剪切波速)的影响。可见,动剪应变是高速铁路基床设计中动力稳定性评价的最佳参数。

Vucetic[9]在分析、总结大量不同类型土的室内动力试验结果的基础上得出:如果短时动力荷载作用引起的动剪应变超过某一门槛值,土骨架将发生不可恢复的塑性变形,该门槛值称为短时动剪应变门槛。其大小与土的种类有关,粗颗粒土的短时动剪应变门槛值低于细颗粒土的相应值。一般情况下,随着土颗粒变细和塑性指数的增加,短时动剪应变门槛相应提高。这意味着,与细颗粒土相比,粗颗粒土在相对较低的剪应变水平将发生不可恢复的塑性变形。Vucetic给出了短时动剪应变门槛均值 γ_{tvSM}、下限值 γ_{tvSU} 和塑性指数的关系曲线,见图 10-1。同时,还给出了线弹性动剪应变门槛 γ_{tl} 与塑性指数间的 γ_{tl}-I_p 相关性曲线,三条曲线几乎平行。该组曲线可以区分土的线弹性和非线性反应区。如果动剪应变位于 γ_{tl} 线的左边,土的反应将呈现线弹性性状。

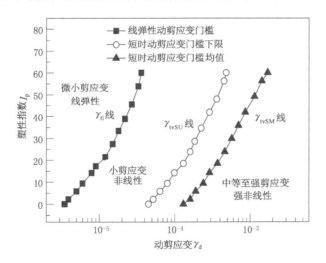

图 10-1　Vucetic 动剪应变门槛和塑性指数的关系曲线[9]

短时动剪应变门槛 γ_{tvS} 可用来评判土在短时、高强度动剪应变作用下的反应,例如强烈地震或爆炸引起的振动。相比而言,在火车运营条件下路基的动剪应变属于小剪应变范围,即小于短时动剪应变门槛值 γ_{tvS}。在高速铁路建设和运营中,我们关心的是路基在小幅动剪应变长期反复作用下是否能够保持土骨架的稳定而不产生轨道系统无法承受的附加变形。现有实测结果表明,高速铁路路基的动剪应变一般位于 γ_{tl} 和 γ_{tvS} 之间,这意味着,路基土的反映将呈现非线性。即使每次动载作用下,土体基本上处于弹性区域,但已出现微量的结构变化。如果这种动载作用只是短期的,那么发生的塑性变形量可以忽略不计。但是,在长期反复的动荷载作用下,这种微量的塑性变形不断累积,出现的附加沉降可能大于系统允许值。

10.1.3.2 动剪应变法评判准则

为了限制铁路路基的这种因列车动力长期作用累积的附加沉降,保证路基的长期动力稳定性和适用性,胡一峰于2003年首先提出了第一个路基动力稳定性评判准则[4],详见表10-3。表中:S_V 指交通荷载引起的路基附加沉降允许值,其大小取决于轨道系统,例如无砟轨道 300 km/h 等级条件下一般为 5 mm;S_N 指铁路动载引起的路基附加沉降值。由表10-3可知:① 当动剪应变 γ_d 小于线性动剪应变门槛 γ_{tl} 时,路基在短时及长期动载作用下均动力稳定;② 当路基动剪应变 γ_d 大于短时动剪应变门槛 γ_{tvS} 时,路基在短时或长期动载作用下均动力失稳;③ 当 $\gamma_{tl} < \gamma_d < \gamma_{tvS}$ 时,路基在短时动载作用下动力稳定,在长期动载作用下是否动力稳定,仍需对运营期间引起的路基附加沉降进行进一步的分析验算。

表 10-3　动剪应变法评判准则[4]

动剪应变 γ_d	$\gamma_d < \gamma_{tl}$	$\gamma_{tl} < \gamma_d < \gamma_{tvS}$	$\gamma_d > \gamma_{tvS}$
土的性状	线弹性	小剪应变,非线性	中等至强剪应变,强非线性
短时动载作用下土的动力稳定性	稳定	稳定	不稳定
长期动载作用下土的动力稳定性	稳定	当 $S_N < S_V$ 时,稳定	不稳定
动荷载引起的附加沉降 S_N	无须分析	需进一步分析	动力失稳破坏

可见,路基长期动力稳定性评价,首先应分析运营时路基中出现的动剪应变 γ_d 是否小于短时动剪应变门槛值 γ_{tvS},然后分析路基在长期动力荷载作用下的附加沉降值 S_N(累积塑性变形)是否超过其允许值 S_V。即保证路基的长期动力稳定,需同时满足式(10-8)和式(10-9)的要求。

$$\gamma_{tl} < \gamma_d < \gamma_{tvS} \tag{10-8}$$

$$S_N \leqslant S_V \tag{10-9}$$

列车运营荷载引起的附加沉降 S_N 的确定是非常困难的,特别是在无砟轨道条件下,路基填筑的标准高,且路基允许的附加沉降很小,这样的附加沉降量级按目前的技术水平是很难准确计算确定的。为了避开交通荷载引起的附加沉降 S_N 的计算,胡一峰等[5-6]建议采用共振柱试验技术对土样进行疲劳动力试验,观察土样的动刚度或塑性变形量级随动力循环次数的变化规律,确定疲劳动剪应变门槛 γ_{tvL},从而判断路基长期动力稳定性。他认为当路基中实际产生的动剪应变 γ_d 小于路基土的疲劳动剪应变门槛 γ_{tvL} 时,路基是长期动力稳定的;否则,路基在长期动载作用下是否稳定,仍需对式(10-9)进行验证。因此,表 10-3 所示的土质路基动力稳定性评价准则可进一步扩充为表 10-4 的形式。

表 10-4　扩充后的动剪应变法评判准则[9,10]

动剪应变 γ_d	$\gamma_d \leqslant \gamma_{tl}$	$\gamma_{tl} < \gamma_d < \gamma_{tvL}$	$\gamma_{tvL} < \gamma_d < \gamma_{tvS}$	$\gamma_d \geqslant \gamma_{tvS}$
土的性状	线弹性	微小剪应变,非线性	小剪应变,非线性	中等至强剪应变,强非线性
短时动载作用下土的动力稳定性	稳定	稳定	稳定	不稳定
长期动载作用下土的动力稳定性	稳定	稳定	当 $S_N \leqslant S_V$ 时,稳定	不稳定
动荷载引起的附加沉降 S_N	无须证明	无须证明	需进一步验证	动力失稳破坏

10.1.3.3　评判参数的确定

综上所述,采用动剪应变法对路基进行动力稳定性评价,需首先确定相关的评判参数,包括附加沉降 S_N、动剪应变 γ_d、有效振速 $V_{res,eff,z}$、剪切波速 C_s、短时动剪应变门槛 γ_{tvS}、疲劳动剪应变门槛 γ_{tvL} 等。

附加沉降 S_N 的确定各国都十分重视,进行了大量室内和现场试验,并对运营线路进行了大量调查,在此基础上提出了各种经验公式。一般情况下,高速铁路运营条件下路基附加沉降 S_N 的确定,是在室内动三轴试验或室内模型试验基础上,直接建立计算模型以确定交通荷载作用下的附加沉降。但工程经验和分析表明,路基在运营初始阶段出现的附加沉降远小于根据室内模型试验预测的结果。出现这个差距的原因是,以室内试验为基础的理论模型无法考虑现场施工过程,例如超载预压、动力碾压等方式对土的初始动力变形特性的影响。目前尚没有可靠的方法确定附加沉降随各种因素的变化规律。因此,用理论计算法确定附加沉降 S_N 很难合理地描述现场路基真实的变形机理,无法真实地反映长期动力荷载作用下引起的附加沉降 S_N,它对工程设计没有太大的实际意义。德国 DS 836 草案给出了计算路基在循环交通荷载作用下附加沉降公式,见式(10-10)。

$$S_N = S_1(1 + C_N \ln N) \tag{10-10}$$

式中:S_1 表示火车第一次驶过后($N=1$)路基残留的沉降(塑性变形);C_N 表示循环系数;N 表示交通荷载循环次数。

工程实例的反分析表明[6],以动力设备基础试验结果为基础提出的附加沉降计算公式[式(10-10)]不能合适地描述现场实测的附加沉降。首先,循环系数 C_N 不是一个常数,它随着循环次数 N 的增加而提高。其次,火车第一次驶过后($N=1$)路基残留的沉降(塑性变形)S_1 无法用常规的土力学参数可靠地确定,即使有室内动三轴试验结果也很难准确地确定。这是因为室内试验无法考虑现场施工过程,例如动力碾压等方式对土的初始动力变形特性的影响。所以,在运营初期阶段出现的附加沉降一般远小于根据经验计算公式[式(10-10)]或室内动三轴试验预测的结果。

采用非线性动力有限元方法计算附加沉降,从机理上讲优于按式(10-10)的计算结果。但是,目前在工程中大量采用动三轴试验技术确定参数尚有困难,而且数值计算法同样无法考虑现场施工方式,例如振动碾压对路基初始动力变形特性的影响。所以,这类计算模型的预测准确性仍然是有条件的:运营初期出现的附加沉降一般小于计算值,而经过一定的循环动力加载后(如 $N>3\,000$),拟静力非线性有限元法计算的附加沉降与路基实测值相近[6]。

根据德国经验,按德铁规范 Ril 836 中 300 km/h 无砟轨道等级通用路基方案进行设计和施工时,路基因运营交通荷载引起的附加沉降一般不超过 5 mm。这种情况,$S_N \leqslant S_V$ 可以认为自动满足,一般不必作进一步的附加沉降分析。从目前运营实测情况看,以 Ril 836 为原则设计的无砟轨道高速铁路新线科隆—莱茵/美因 300 km/h 等级无砟轨道动力测试表明,运营状态下其路基的振动速度和附加沉降很小(小于 1 mm)。可见,高标准优质路基既保证了线路的平顺和稳定,同时使路基中运营交通荷载引起的振动明显减小,又为减小附加沉降、保证路基的长期动力稳定性提供了十分有利的条件。

我国关于高速铁路基床附加沉降量的确定,目前还缺乏实测数据和相应的理论研究,不过在基床设计中已经考虑了按临界动应力进行限制,以保证附加沉降量在经过一段时间行车后(例如 1 年)能够逐渐趋于稳定。因此我国需要进行现场激振试验,建立我国高速铁路路基附加沉降模式,确定高速铁路线路的维修周期,并通过弹性变形评价线路运营质量等。

动剪应变 γ_d 的确定,一般按理论公式(10-11)计算确定。

$$\gamma_d = \frac{V_{res,eff,z}}{C_s} \qquad (10\text{-}11)$$

式中：有效振速 $V_{res,eff,z}$ 按 10.1.2 节中方法确定；剪切波速 C_s 可通过室内或现场动力试验成果并按理论公式(10-12)计算确定。

$$C_s = \sqrt{\frac{G_d}{\rho}} \qquad (10\text{-}12)$$

式中：G_d 为路基土的动剪模量，MPa，可由室内动力试验确定；ρ 为土的密度，g/cm^3。

在缺乏试验条件或用于初步分析时，剪切波速 C_s 可用经验公式[式(10-13)]估算[22]。

$$C_s = \sqrt{\frac{\alpha\beta(1-\mu)E_{V2}}{2\rho}} \qquad (10\text{-}13)$$

式中：E_{V2} 表示静态平板载荷试验确定的二次变形模量；μ 表示土的泊松比；α 表示土的动弹性模量 E_{sd} 与静态侧限压缩模量 E_s 之比；β 表示非线性折减系数，当动剪应变 γ_d 为 $3.5\times10^{-6}\sim5\times10^{-5}$ 时约为 $1.0\sim0.8$。式(10-13)的优点在于路基刚度检测指标 E_{V2} 直接用于估计其剪切波速 C_s，E_{V2} 反映了土的种类、密实度和填筑碾压方式的综合影响。

短时动剪应变门槛 γ_{tvS} 及疲劳动剪应变门槛 γ_{tvL} 可通过室内剪应变控制式共振柱试验确定[4-5]。

综上所述，临界动应力法仅考虑了地基在振动荷载作用下强度问题，并未考虑地基的累积变形；有效振速法仅考虑列车的振动效应，并不能反映线路运营过程中地基土体强度及沉降变形；动剪应变法既可以反映土体累积变形，又可以反映土体强度，适用于高速铁路无砟轨道路基的动力稳定性评价。然而，铁路专用线的建设运营标准要远低于高速铁路无砟轨道的设计要求，故针对三种评价方法优缺点的总结如下：有效振速法中的振动速度需要进行现场试验，测试方法较烦琐且结果波动性较大，不能正确反映地基的变形情况；动剪应变法虽然可以反映列车振动荷载及地基土体动刚度对铁路地基动力稳定性的影响，但其试验数据繁多，实验仪器精度难以达到，导致其实施较困难，且会造成较大的经济损耗；临界动应力法试验简单，数据较少，更适用于铁路专用线地基动力稳定性评价。

为此，本章在室内动三轴试验基础上采用 2 种计算方法获得不同湿-干循环次数下粉土的临界动应力，探讨湿-干循环作用对粉土临界动应力的影响，并考虑湿-干循环效应，结合粉土累积塑性变形、动弹性变形、动弹性模量、临界动应力等数据对我国常用的临界动应力法进行修正。

10.2 基于 ε_p-lg N 曲线确定临界动应力

10.2.1 粉土试样破坏形式

在确定临界动应力时,多次振动加载后土样形态的改变可以直观地表现出是否破坏。5 000 次振动后,不同湿-干循环次数、动应力幅值条件下粉土形态如图 10-2 所示。由图 10-2 可知,不同湿-干循环次数后的粉土形态变化相似,为此下面以初始状态试样($N_{wd}=0$ 次)为例进行说明:

(a) 湿-干循环次数 $N_{wd}=0$ 次

(b) 湿-干循环次数 $N_{wd}=1$ 次

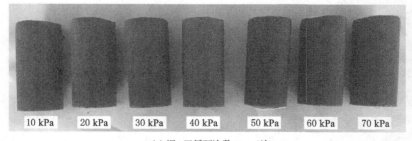

(c) 湿-干循环次数 $N_{wd}=2$ 次

图 10-2　不同湿-干循环次数、动应力幅值下粉土破坏形式

（d）湿-干循环次数 N_{wd}=4次

（e）湿-干循环次数 N_{wd}=6次

（f）湿-干循环次数 N_{wd}=8次

（g）湿-干循环次数 N_{wd}=10次

图 10-2（续）

(1) 初始 3 级动应力水平(动应力幅值 $\sigma_d = 10$ kPa、20 kPa、30 kPa)下,振动加载 5 000 次后,试样仅出现轴向变形,径向并未出现明显变化。这主要是因为静压一次成型制样方法虽然可以忽略试样的不均匀性,但在加载过程中,试样密实度较小的一段被振动击实,故除轴向高度减小外并未观察到明显的变化。

(2) 第 4 级动应力水平(动应力幅值 $\sigma_d = 40$ kPa)下,试样开始出现径向变形,端部微鼓,相较于前 3 级动应力水平下粉土累积塑性应变突然增大。这可能是由于动应力幅值 $\sigma_d = 40$ kPa 为一临界状态,动应力水平较低时试样被压密,较高时则结构出现破坏。

(3) 后 3 级动应力水平(动应力幅值 $\sigma_d = 50$ kPa、60 kPa、70 kPa)下,振动加载 5 000 次后,试样较稀疏一端出现了明显的鼓胀,结构发生了破坏。造成这种破坏情况的主要原因为,最大轴向应力与围压相差较大,导致在加载初期试样稀疏一端被振动压密,在完全压密后,径向变形增大,端部出现明显鼓胀现象。

随着湿-干循环次数的增加,破坏形式(2)所对应的动应力幅值呈现出增长趋势,这与湿-干循环后试样端部软化存在一定的关系。通过分析,可以发现前 4 次湿-干循环过程中为 40 kPa,6~8 次循环过程中则为 50 kPa,10 次后试样端部并未有明显鼓胀现象。

10.2.2 振动荷载作用下粉土 ε_p-lg N 曲线

对湿-干循环作用下粉土动三轴试验数据进行分析,得到了 7 种试验条件下粉土 ε_p 随振动次数 lg N 的变化曲线,如图 10-3 所示。

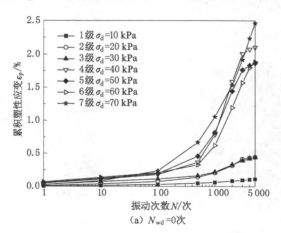

图 10-3　不同湿-干循环次数粉土累积塑性应变 ε_p-lg N 曲线

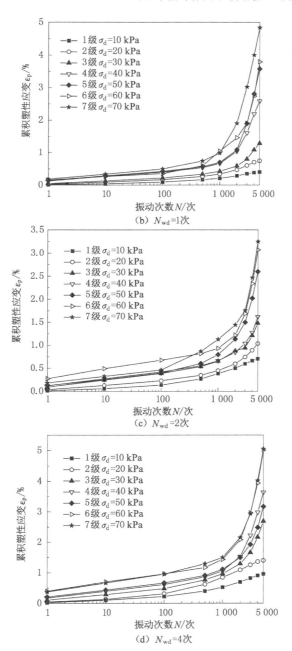

（b）$N_{wd}=1$次

（c）$N_{wd}=2$次

（d）$N_{wd}=4$次

图 10-3（续）

湿-干循环作用下粉土静、动力学特性演化规律研究

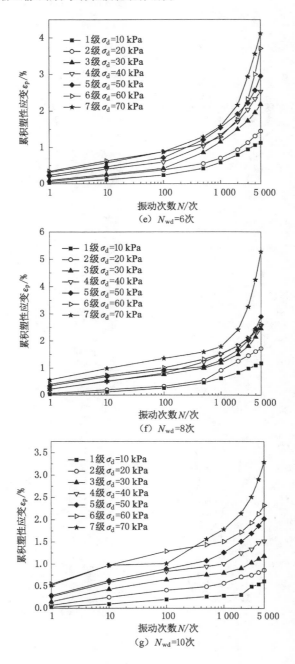

图 10-3(续)

由图 10-3 可知,同一湿-干循环次数下粉土的 ε_p-lg N 曲线随动应力幅值的变化规律类似。为此下面以初始状态试样($N_{wd}=0$ 次)为例对 ε_p-lg N 曲线特点进行说明。

(1) 在第 1、2、3 级动应力水平(动应力幅值 $\sigma_d=10$ kPa、20 kPa、30 kPa)下,粉土累积塑性应变随振动次数 lg N 的增长呈现线性波动缓慢增长发展趋势,振动荷载加载初期,塑性应变累积增长速率较快,但随着振动次数增多至千次以后,累积塑性应变增长速率减慢,这是由于动应力幅值过小,试样逐渐被压密,累积塑性应变增长速率减慢,能够抵抗外荷载作用,变形以弹性变形为主,累积塑性应变逐渐趋于稳定。

(2) 在第 4 级、5 级、6 级动应力(动应力幅值 $\sigma_d=40$ kPa、50 kPa、60 kPa)下,在初始 500 次的振动过程中,累积塑性应变随振动次数 lg N 的增大呈现出近似线性增长规律,但在 500 次振动后各级动应力幅值下粉土累积塑性应变增长速率随振动次数 lg N 的增多呈现出迅速增大的发展趋势。

(3) 在第 7 级动应力水平(动应力幅值 $\sigma_d=70$ kPa)下,1 000 次振动后,粉土轴向应变就超过了 1%,这是由于土样在较高动应力水平下,振动作用加速了试样的软化,使得试样出现鼓胀现象,导致其结构发生破坏。

除此之外,相同动应力幅值条件下,随着湿-干循环次数的增加,粉土 ε_p-lg N 曲线逐渐偏向破坏型,这主要是由于随着湿-干循环次数的增加,试样软化程度增加,在初始应力作用下产生的塑性应变越大,导致其线型越来越趋近于破坏型;除湿-干循环次数 $N_{wd}=2$ 次试验组外,第 7 级动应力幅值在加载 1 000 次后,粉土累积塑性应变均超过了 1%;4～10 次湿-干循环过程中,粉土累积塑性应变在第 4 级动应力幅值条件下加载 1 000 次后就均大于 1%;较高动应力水平下,随着湿-干循环次数的增加,ε_p-lg N 曲线两段的斜率相差增大,即随振动次数 lg N 增大,累积塑性应变 ε_p 增长速率在 1 000 次振动后明显加快。

以上结果表明:随着振动次数 N 及动应力幅值 σ_d 的增大,粉土累积塑性应变增大,其变形经历了弹性变形、塑性变形、完全破坏等三个阶段,曲线线型由平缓向明显弯曲过渡。据此,湿-干循环作用下粉土 ε_p-lg N 曲线簇可分为稳定型曲线(平缓)、破坏型曲线(弯曲)两类。当地基设计动应力幅值高于临界动应力时,累积塑性应变随振动次数 lg N 的增加呈现出非线性增长规律;当动应力幅值低于临界动应力时,累积塑性应变随振动次数 lg N 的增加呈现出线性增长规律。两类曲线特点为:① 稳定型曲线:加载初期,塑性应变累积较快,随着振动次数 lg N 的增大,试样逐渐被压密,压实系数增大,塑性应变增长速率逐渐减慢;当振动次数足够多时,试样密实度足以抵抗外荷载,振动荷载作用下试样除弹性应变外仅有微小的塑性应变。随着湿-干循环次数的增加,稳定型曲线对应的动应力幅值越小。② 破坏型曲线:试样累积塑性应变随振动次数 $\lg N$ 的增加呈现出非线性增长趋势,振动荷载作用致使粉土结构发生破坏,强度降低,累积塑性应变迅速增加并不断扩大,产生明显的累积变形。

10.2.3 临界动应力确定

临界动应力应是介于稳定型曲线和破坏型曲线之间的 ε_p-$\lg N$ 曲线所对应的动应力,是区分土体变形稳定与破坏的界限。不同湿-干循环次数下粉土临界动应力试验值如表 10-5 所示,粉土临界动应力范围如图 10-4 所示。

表 10-5　粉土临界动应力试验值和均值

试验组	湿-干循环次数	围压/kPa	临界动应力范围/kPa	平均值/kPa
1	0	25	30～40	35
2	1	25	30～40	35
3	2	25	20～30	25
4	4	25	20～30	25
5	6	25	20～30	25
6	8	25	10～20	15
7	10	25	20～30	25

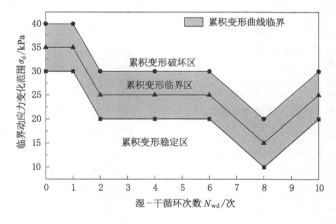

图 10-4　临界动应力范围分析

由表 10-5 及图 10-4 可知,2 次湿-干循环后临界动应力发生衰减为 25 kPa,2～6 次湿-干循环过程中,临界动应力值并未发生明显的变化,8 次湿-干循环后临界动应力衰减至 15 kPa,在 10 次湿-干循环后又增长为 25 kPa。湿-干循环作用下粉土临界动应力衰减幅度高达 57%,对铁路粉土地基动力稳定性评价结果具有显著影响,故在进行铁路地基动力稳定性评价时,需要考虑湿-干循环效应这一影响因子并对结果进行修正。

10.3　基于铁路服役条件下临界动应力计算

采用传统方法确定的粉土临界动应力在 1~6 次湿-干循环过程中相同,但不同湿-干循环次数下,5 000 次振动后粉土累积塑性应变却不尽相同,其累积速率也有所不同。尤其在 10 次湿-干循环后,临界动应力上限(动应力幅值 30 kPa)试验组粉土在 5 000 次振动后累积塑性应变仅为 1.18%,其累积变形仍旧较小,可以满足铁路地基土体工程性能要求。为此本节基于铁路地基服役条件对粉土临界动应力的计算方法进行修正。

10.3.1　塑性变形行为判定准则

累积塑性应变速率可以反映振动过程中土体累积塑性应变的增长速率,可以从侧面判断其是否处于临界状态。Dawson、Werkmeister 等[10-11]基于安定性理论提出可以采用 5 000 次与 3 000 次振动时的累积塑性应变之差或者应变速率作为土体变形的判定准则;聂如松等[12]将累积塑性应变速率作为塑性变形行为的判定准则。考虑到本试验振动次数为 5 000 次,故分别采用以上两种准则对粉土临界状态进行分析。

10.3.1.1　累积塑性应变之差($\varepsilon_{p5\,000}-\varepsilon_{p3\,000}$)

不同湿-干循环次数、动应力幅值条件下粉土累积塑性应变之差($\varepsilon_{p5\,000}-\varepsilon_{p3\,000}$)如图 10-5 所示。

由图 10-5 可知:① 同一湿-干循环次数粉土 $\varepsilon_{p5\,000}-\varepsilon_{p3\,000}$ 随着动应力幅值的增长呈现出波动增长趋势,其中湿-干循环次数为 0 次、10 次试样最大差值分别为 0.54%、0.77%,其余试验组最大值均在 1% 以上。② 前 6 级动应力水平下,粉土 $\varepsilon_{p5\,000}-\varepsilon_{p3\,000}$ 随着湿-干循环次数的增加呈现出先增加后减小的发展趋势;动应力幅值为 70 kPa 试验组则出现了明显的波动,湿-干循环后粉土 $\varepsilon_{p5\,000}-\varepsilon_{p3\,000}$ 范围为 0.78%~2.12%。③ 2~8 次湿-干循环过程中,在后 3 级动应力水平下,粉土 $\varepsilon_{p5\,000}-\varepsilon_{p3\,000}$ 值波动性较强,其中 4 次、8 次湿-干循环后试样 $\varepsilon_{p5\,000}-\varepsilon_{p3\,000}$ 最大值相近,均值为 2.06%。

参考现有研究[13-14],并考虑到铁路专用线建设标准相对较低,故稳定标准

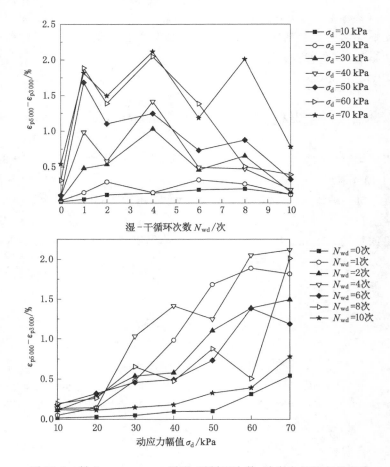

图 10-5　粉土 $\varepsilon_{p5\,000}-\varepsilon_{p3\,000}$ 随湿-干循环次数、动应力幅值变化规律

可以采用 $\varepsilon_{p5\,000}-\varepsilon_{p3\,000}<0.5\%$，即累积塑性应变增长速率小于 $0.25\%/$千次，则认为试样在振动荷载作用下处于稳定状态。依据此标准可知，不同湿-干循环次数后粉土稳定态与破坏态的临界值如表 10-6 所示。

表 10-6　累积塑性应变差值及变形状态

湿-干循环次数 N_{wd}/次	动应力 σ_d/kPa	$\varepsilon_{p5\,000}-\varepsilon_{p3\,000}$/%	状态
0	60	0.31	稳定
	70	0.54	破坏

表 10-6(续)

湿-干循环次数 N_{wd}/次	动应力 σ_d/kPa	$\varepsilon_{p5\,000} - \varepsilon_{p3\,000}$/%	状态
1	30	0.48	稳定
	40	0.98	破坏
2	20	0.29	稳定
	30	0.54	破坏
4	20	0.14	稳定
	30	1.03	破坏
6	40	0.49	临界
	50	0.73	破坏
8	40	0.47	稳定
	50	0.88	破坏
10	60	0.39	稳定
	70	0.78	破坏

10.3.1.2 累积塑性应变速率

由图 3-5 可知,不同初始条件粉土累积塑性应变与振动次数的关系符合 Monismith 模型(幂函数),则累积塑性应变增长速率可由下式表示:

$$\dot{\varepsilon}_p = AbN_{wd}^{-(1-b)} \tag{10-14}$$

式中参数 Ab、$(1-\lambda)$ 分别如表 10-7 和表 10-8 所示。

表 10-7 参数 Ab

动应力幅值 σ_d/kPa	湿-干循环次数 N_{wd}/次						
	0	1	2	4	6	8	10
10	0.001 9	0.005 6	0.008 7	0.014 5	0.014 1	0.015 6	0.009 4
20	0.003 8	0.007 9	0.009 5	0.023 8	0.020 7	0.019 7	0.028 6
30	0.006 5	0.003 8	0.019 2	0.011 3	0.029 3	0.045 8	0.044 2
40	0.008 9	0.002 4	0.018 0	0.005 7	0.040 8	0.059 5	0.058 5
50	0.012 6	0.000 3	0.004 2	0.015 6	0.048 4	0.052 0	0.066 0
60	0.005 1	0.001 8	0.007 6	0.008 4	0.022 8	0.077 2	0.089 5
70	0.012 2	0.001 9	0.008 8	0.010 6	0.028 9	0.036 0	0.086 4

表 10-8 参数 $(1-b)$

动应力幅值 σ_d/kPa	湿-干循环次数 N_{wd}/次						
	0	1	2	4	6	8	10
10	0.629	0.603	0.586	0.619	0.585	0.599	0.638
20	0.519	0.562	0.55	0.634	0.617	0.572	0.778
30	0.615	0.368	0.617	0.433	0.604	0.675	0.819
40	0.409	0.201	0.592	0.289	0.636	0.707	0.825
50	0.476	-0.088	0.300	0.462	0.647	0.675	0.785
60	0.358	0.098	0.367	0.303	0.494	0.764	0.849
70	0.446	0.075	0.37	0.336	0.51	0.513	0.745

由表 10-7 和表 10-8 可知,累积塑性应变增长速率公式拟合参数随动应力幅值的增加并不相同,即粉土累积塑性应变增长速率受参数 Ab、$(1-b)$ 共同影响。5 000 次振动后粉土累积塑性应变增长速率最大为 9.77×10^{-4} %/次,10 000 次振动后计算得到的累积塑性应变增长速率相较于 5 000 次变化微小,其最大变化值仅为 10^{-5} %,可以认为 5 000 次振动后粉土累积塑性应变增长速率已经稳定,即可采用 5 000 次振动后产生的累积塑性应变作为基于铁路服役情况下临界动应力计算方法中的最终应变。

由以上两种塑性行为判定准则确定的临界状态仅仅考虑粉土累积塑性应变增长速率,并未考虑数次振动后土体实际累积变形,不适合作为铁路粉土地基动力稳定性评价参数之一。但通过累积塑性应变速率快慢可以反映土体累积变形是否稳定,可用于确定土体累积变形稳定所对应的振动次数。

10.3.2 破坏应变确定

振动荷载作用下土体常用的破坏标准主要有极限平衡标准、液化标准、应变破坏标准等三种。其中极限平衡标准过于安全,会低估土体动强度;铁路粉土地基在服役过程并不会处于长期诱发液化的高含水率、高振动强度作用下,液化标准不适用;应变破坏标准以应变为核心指标,更适合作为铁路地基土体的破坏标准。

应变破坏标准主要由以下两种确定方式[15]:① 依据土体的破坏形式,选取土体结构破坏时所达到的应变作为破坏应变;② 根据设计规范和工程实践情况,推算研究得到的土体所能承受最大应变作为破坏应变。从工程实践考虑,铁路地基服役期间,土体所承受动应力相对较小,往往不会发生结构性破坏,而是产生较大的沉降变形,导致线路变形,对列车的运行安全、舒适性产生一定的威胁,此类应变往往会小于土体结构破坏应变。为此,依据铁路专用线 B 项目实际情况选择破坏应变。

《高速铁路设计规范》(TB 10621—2014)第 6.4.2 条规定,设计速度为 250 km/h 的有砟轨道正线路基工后沉降速率不大于 3 cm/a;《铁路专用线设计规范(试行)》(TB 10638—2019)中仅规定路基填筑过程中,路堤中心沉降应小于 15 mm/d,并未对路基工后沉降速率进行规定。根据宫全美等[16]的研究发现,当地基距路基面的距离大于 3.5 m 时,列车振动荷载衰减至 0 左右,振动荷载作用下产生的累积塑性应变可以忽略不计。考虑到基床填料的性能要好于地基部分,且铁路专用线的建设要求标准较低,故地基部分工后沉降选用 15 mm。结合铁路专用线 B 项目粉土地基厚度约为 1 m,破坏应变取 1.5%。

10.3.3 临界动应力计算

由 10.3.1～10.3.2 节可知,基于铁路服役条件粉土临界动应力的具体计算步骤如下:

① 通过室内动三轴试验获得土体累积塑性应变与振动次数的关系,建立累积塑性变形预测模型;

② 根据预测模型推导累积塑性应变增长速率随振动次数的变化规律,进而确定累积塑性应变相对稳定振动次数,建立土体累积塑性应变稳定值与动应力幅值之间的关系;

③ 进行工程背景调研,确定破坏应变;

④ 临界动应力确定:计算破坏应变对应的动应力幅值,该动应力幅值为土体临界动应力 σ_{crs}。

由图 8-4 可知,5 000 次振动加载后粉土累积塑性应变随动应力幅值的增加呈现出波动增长的发展趋势,进行临界动应力计算时采用线插法。依据上述步骤计算得到的经受不同湿-干循环次数的粉土临界动应力变化范围如表 10-9 所示,基于铁路服役条件粉土临界动应力范围如图 10-6 所示。

表 10-9　基于铁路服役条件粉土临界动应力变化范围

湿-干循环次数 N_{wd}/次	动应力 σ_d/kPa	$\varepsilon_{p5\,000}$/%	状态	临界动应力 σ_{crs}/kPa
0	30	0.44	稳定	36.37
	40	2.10	破坏	
1	30	1.28	稳定	31.67
	40	2.58	破坏	

表 10-9(续)

湿-干循环次数 N_{wd}/次	动应力 σ_d/kPa	$\varepsilon_{p5\ 000}$/%	状态	临界动应力 σ_{crs}/kPa
2	30	1.48	稳定	31.76
	40	1.62	破坏	
4	20	1.40	稳定	20.79
	30	2.69	破坏	
6	20	1.45	临界	20.66
	30	2.19	破坏	
8	10	1.18	稳定	15.92
	20	1.72	破坏	
10	30	1.19	稳定	39.38
	40	1.52	破坏	

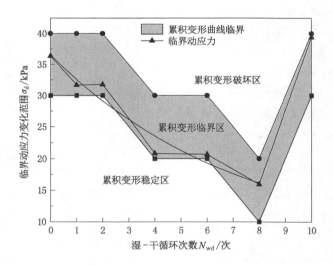

图 10-6 基于铁路服役条件粉土临界动应力范围分析

由表 10-9 及图 10-6 可知,基于铁路服役条件计算得到的粉土临界动应力在前 8 次湿-干循环过程中,随着湿-干循环次数的增加呈现出衰减发展趋势,并符合如下表达式:

$$\sigma_{crs} = 6.422 + 30.133 \times 0.867\ 9^{N_{wd}} \quad R^2 = 0.913\ 6 \quad (N_{wd} \leqslant 8) \quad (10\text{-}15)$$

在 8～10 次湿-干循环过程中,粉土临界动应力急剧增大,由 15.92 kPa 增长至 39.38 kPa,且 10 次湿-干循环后粉土临界动应力要高于初始状态($N_{wd}=0$ 次)试样,这可能是由于 8 次湿-干循环为临界状态,即当土体经历的湿-干循环次数超过 8 次时,试样中水分分布更为均匀,土体内部孔隙分布更加合理,结构更加稳定,使得土体性能得以恢复。

10.4　考虑湿-干循环效应的粉土地基动力稳定性评价方法

采用临界动应力法进行铁路路基长期动力稳定性评价时,需要确定地基土(岩)的临界动应力 σ_{crs} 和列车荷载引起的地基面动应力 σ_{df}。其中地基土临界动应力可通过动三轴试验获得,列车荷载引起的地基面动应力 σ_{df} 确定方法可分为理论计算法、数值分析法和实测法三种,不同方法确定的地基面动应力 σ_{df} 大小存在差异,而地基面动应力 σ_{df} 取值准确与否对路基长期动力稳定性评价结果具有重要影响。

我国《高速铁路设计规范》(TB 10621—2014)指出列车荷载激发的动应力沿路基深度的分布采用 Boussinesq 理论计算,Boussinesq 理论是基于地基土为各向同性半无限体假定的基础上利用弹性理论推导得来的,而事实上大量理论分析、数值动力耦合分析和现场实测结果都表明,路基中动应力大小和分布规律受列车速度、车辆类型、车辆编组、钢轨类型(传统铁路或无缝线路)、轨道结构(无砟轨道或有砟轨道)、基床结构、地基刚度以及其他随机因素等影响。特别是当路基由具有不同弹性模量的多个结构层组成时,结构层刚度差异会对动应力沿深度分布规律产生不可忽略的影响,若直接利用 Boussinesq 理论确定地基面动应力显然不合适,即使按照 Odermark 厚度当量假定将层状体系等效为厚度调整后的半无限空间再进行应力分布计算,计算结果仍是基于各向同性弹性半无限空间假设,无法真实反映具有各向异性非均质散体材料(基床填料)的动力反应特性。

获得路基动应力分布规律最直接的方法就是实测法,即通过在基床不同深度、结构层分界面位置埋设动土压力盒,直接测定动力荷载作用下各监测点动应力,测试结果能够真实反映路基结构层刚度变化对动应力分布规律的影响。

然而,路基实测动应力受动土压力盒精度、埋设方法、埋设穴坑回填密实度等因素影响,获得的动应力未必能够真实反映监测点基床的动应力大小,但对于某一项具体工程,在监测元器件埋设过程中试验人员和埋设方法通常是不变的,即不利影响因素对同一路基断面上各监测点的综合影响可以看作相近的,所以实测动应力绝对值可能存在较大误差,但同一路基断面上动应力衰减系数沿基

床深度的变化规律可视为准确的。为此,对实测动应力进行归一化处理,定义基床不同深度位置实测动应力衰减系数为:

$$\varphi(s) = \frac{\sigma(s)}{\sigma_0} \qquad (10\text{-}16)$$

式中:$\varphi(s)$ 为路基面下深度 s 位置的实测动应力衰减系数;σ_0 为实测路基面动应力,kPa;$\sigma(s)$ 为路基面下深度 s 位置的实测动应力,kPa。

对路基横断面竖直方向上各监测点实测动应力衰减系数分布曲线进行拟合,获得实测动应力衰减系数变化曲线拟合方程:

$$\varphi(s) = f(s) \qquad (10\text{-}17)$$

由式(10-17)可求得路基面下任意深度 s 位置的动应力衰减系数,当路基面设计动应力幅值 σ_d 一旦确定,则可按照式(10-18)求得路基面下任意深度 s 位置的修正动应力 $\sigma(s)$:

$$\sigma(s) = \sigma_d \varphi(s) \qquad (10\text{-}18)$$

路基面设计动应力幅值 σ_d 采用《高速铁路设计规范》(TB 10621—2014)的推荐计算公式:

$$\sigma_d = 0.26P(1 + \alpha v) \qquad (10\text{-}19)$$

式中:v 为行车速度,km/h;α 为经验参数,对时速 $200 \sim 250$ km 高速铁路,$\alpha = 0.004$,时速 $300 \sim 350$ km 高速铁路,$\alpha = 0.003$;P 为机车车辆的静轴重(按 ZK 活载);$1 + \alpha v$ 为冲击系数,客运专线铁路最长冲击系数为 1.9。

为保证基床的长期动力稳定性,则要求当按照式(10-18)求得的路基中修正后动应力 $\sigma(s)$ 小于或等于地基土临界动应力 σ_{crs},即:

$$\sigma(s) \leqslant \sigma_{crs} \qquad (10\text{-}20)$$

综上所述,给出考虑地基实测动应力的修正临界动应力法的定义如下:利用路基面设计动应力幅值 σ_d 乘以实测动应力衰减系数变化曲线拟合方程,获得修正动应力沿基床深度的分布规律,当地基面修正动应力小于地基土临界动应力时,则认为路基的长期动力稳定性能够得到保证。

修正临界动应力法的基本步骤可概况如下:

第一步:由现场激振试验测试结果确定动应力衰减系数沿基床深度 s 的变化曲线,并给出变化曲线的拟合方程[如式(10-17)];

第二步:根据线路设计速度和列车轴重确定路基面设计动应力幅值 σ_d[如式(10-19)];

第三步:路基面设计动应力幅值 σ_d 乘以实测动应力衰减系数变化曲线拟合方程,获得修正动应力沿基床深度的分布规律[如式(10-18)];

第四步:将基床厚度 z 代入式(10-18),计算换填底面或地基面的修正动应

力 σ_{df}；

第五步：将换填底面或地基面动应力 σ_{df} 与地基土的临界动应力 σ_{crs} 进行比较，若 $\sigma_{\text{df}} \leqslant \sigma_{\text{crs}}$，则基床厚度能够满足长期动力稳定性要求。

10.4.1 考虑湿-干循环效应的修正临界动应力方法评判准则

10.4.1.1 路基土体临界动应力

采用室内动三轴试验确定地基土临界动应力时受土体状态（如含水率、压实系数等）及土体所处环境（如湿-干循环、冻融循环作用等）的影响，但采用传统方法获取的原状土（包括现场取的原装土样及工程要求的重塑压实土样）临界动应力又不能完全反映由雨旱交替、地下水位变化导致的湿-干循环作用的影响。为此，总结了地下水位升降较为频繁的铁路专用线 B 项目所在地区粉土临界动应力随湿-干循环次数的变化规律[式(10-15)]，定义考虑湿-干循环效应的粉土临界动应力衰减系数为：

$$\delta(N_{\text{wd}}) = \sigma_{\text{crs}}(N_{\text{wd}})/\sigma_{\text{crs0}} \tag{10-21}$$

式中，$\sigma_{\text{crs}}(N_{\text{wd}})$ 为经受不同湿-干循环次数的粉土临界动应力，kPa；σ_{crs0} 为未经历湿-干循环粉土的临界动应力，kPa。

考虑湿-干循环效应的粉土修正临界动应力计算公式如下：

$$\sigma_{\text{crs}} = \delta_{\max}\sigma_{\text{crs0}} \tag{10-22}$$

式中，$\delta_{\max}$ 为最大临界动应力衰减系数。

10.4.1.2 土体变形参数

进行铁路地基土体临界动应力计算时，已考虑了铁路的实际服役条件（即地基土体在振动荷载作用下累积塑性变形，详见 10.3.3 节），但并未考虑地基土体动弹性变形对客运列车运行舒适性的影响。考虑到铁路专用线 B 为货运线，并依据第 9 章分析结果，不同湿-干循环次数后粉土临界动应力对应的粉土最大动弹性应变为 0.08%，粉土动弹性应变对线路的影响可以忽略不计，所以在进行铁路专用线地基动力稳定性评价时可不考虑此因素。但在进行高等级铁路（如客运铁路、高速铁路）地基动力稳定性评价时应考虑线路运营过程中地基土体的动弹性变形。

10.4.1.3 路基设计动应力

在计算路基设计动应力时应先计算路基面动应力，然后根据地基深度选取衰减系数进而得到路基设计动应力。其中路基面动应力 σ_{d} 采用式(10-19)进行计算。

路基面以下动应力衰减系数可按表 10-10 选取。

表 10-10　路基面以下动应力衰减系数 $\varphi(s)$ [16]

路基面以下深度/m	0	0.3	0.5	0.6	1.0	1.2	1.5	2.0	2.5	3.0
动应力衰减系数	1.00	0.75	0.65	0.57	0.39	0.36	0.29	0.17	0.15	0.12

为保证地基的长期动力稳定性,则要求由式(10-22)所计算的地基土体修正临界动应力 σ_{crs} 大于地基设计动应力 σ_d,即:

$$\sigma_d \varphi(s) \leqslant \sigma_{crs} \tag{10-23}$$

综上所述,考虑湿-干循环效应的临界动应力法可定义为:利用室内试验得到土体临界动应力与湿-干循环次数的关系,获得土体在湿-干循环作用下最小临界动应力。当相应深度地基设计动应力小于湿-干循环作用下地基土体最小临界动应力时,则认为线路运营过程中铁路专用线地基动力稳定性是良好的。考虑湿-干循环效应的临界动应力法基本步骤总结如下:

(1)调研铁路线路所处的水文地质条件确定地基土体含水率变化幅度,设计湿-干循环试验及动力特性试验;

(2)由室内动三轴试验结果确定土体临界动应力与湿-干循环次数的关系,给出经验公式[如式(10-15)],得到考虑湿-干循环效应的土体临界动应力;

(3)由室内动三轴试验得到土体动弹性变形,确定是否需要考虑动弹性变形对列车运行过程中舒适性的影响(该步骤主要用于客运专线及高速铁路),需要考虑时,当动弹性应变小于选取值时,则认为铁路地基动力稳定性良好;

(4)依据式(10-19)确定路基面设计动应力,按表 10-10 选用动应力衰减系数,得到相应深度地基土体的设计(实际)动应力;

(5)将考虑湿-干循环效应的地基土临界动应力 σ_{crs} 与地基设计(实际)动应力 σ_d 进行比较,若 $\sigma_{crs} \geqslant \sigma_d$,则认为地基土体动力性能满足铁路地基长期稳定性要求。

10.4.2　考虑湿-干循环效应粉土临界动应力法应用——以铁路专用线 B 为例

(1)粉土临界动应力

压实系数 $k = 0.92$ 粉土临界动应力:

初始状态($N_{wd} = 0$ 次)临界动应力 $\sigma_{crs0} = 36.37$ kPa;

考虑湿-干循环效应的临界动应力 $\sigma_{crs} = 15.92$ kPa。

(2)变形参数

累积塑性变形已在临界动应力中考虑;

动弹性变形:初始状态($N_{wd} = 0$ 次)$\varepsilon_e = 0.057\%$;湿-干循环后粉土最大动弹性应变稳定值 $\varepsilon_{e,max} = 0.052\%$。

（3）铁路专用线 B 路基面设计动应力幅值 σ_d

铁路专用线 B 设计速度为 120 km/h，路基面设计动应力幅值 σ_d 为 96.2 kPa，地基距路基面深度约为 3 m，粉土所处地层设计动应力幅值 σ_{df} 为 11.54 kPa。

（4）结果评价

由以上分析可知：湿-干循环作用下粉土临界动应力所对应的动弹性变形相对较小，对于建设标准要求较低的铁路专用线而言，较小的动弹性变形可以忽略不计；考虑湿-干循环效应的粉土临界动应力大于粉土地基所受的实际动应力，所以该铁路专用线粉土地基长期动力稳定性可以得到保障，且具有一定的安全储备。

本章参考文献

[1] 国家铁路局. 铁路路基设计规范：TB 10001—2016[S]. 北京：中国铁道出版社，2017.

[2] 国家铁路局. 高速铁路设计规范：TB 10621—2014[S]. 北京：中国铁道出版社，2014.

[3] GOTSCHOL A. Veränderlich elastisches und plastisches verhalten nichtbindiger Böden und schotter unter zyklisch-dynamischer beanspruchung[R]. Schriftenreihe Geotechnik Universität Kassel，2002.

[4] HU Y F，GARTUNG E，PRÜHS H，et al. Bewertung der dynamischen stabilität von erdbauwerken unter eisenba-hnverkehr[J]. Geotechnik，2003，26(1)：42-56.

[5] HU Y F，HAUPT W，MÜLLNER B. ResCol-versuche zur Prüfung der dynamischen langzeitstabilität von TA/TM-Böden unter eisenbahnverkehr[J]. Bautechnik，2004，81(4)：295-306.

[6] 胡一峰. 高速铁路路基长期动力稳定性分析的理论和实践（SCR-SG021）[R]. 德国：欧博迈亚公司，2008.

[7] 张克绪，谢君斐. 土动力学[M]. 北京：地震出版社，1989.

[8] 杨桂通. 土动力学[M]. 北京：中国建材工业出版社，2000.

[9] VUCETIC M. Cyclic threshold shear strains in soils[J]. Journal of Geotechnical Engineering，1994，120(12)：2208-2228.

[10] DAWSON A R，WELLENR F. Plastic behavior of granular materials[R]. [S. l.]：Final Report ARC Project 933，1999.

[11] WERKMEISTER S. Permanent deformation behavior of unbound granular materials in pavement constructions[D]. Dresden：Dresden University of Technology，2003.

[12] 聂如松，钱冲，刘婷，等. 风积沙路基填料累积塑性应变及预测模型[J]. 铁道科学与工程学报，2022，19(9)：2609-2619.

[13] 刘文劼，冷伍明，蔡德钧，等. 重载铁路路基粗颗粒土循环振动试验与累积动应变研究[J]. 铁道学报，2015，37(2)：91-97.

[14] 杨志浩,岳祖润,冯怀平,等.级配碎石填料大三轴试验及累积塑性应变预测模型[J].岩土力学,2020,41(9):2993-3002.

[15] 雷宇,刘希重,宣明敏,等.基于服役需求的机场粉土道基临界动应力研究[J].铁道科学与工程学报,2023,20(3):950-960.

[16] 宫全美.铁路路基工程[M].北京:中国铁道出版社,2007.